Straßenbahn-Jahrbuch 2002

4 Weinböhla
4
DIE KÜCHE
-PUNKT
224 272

Wolfgang Klee (Hrsg.)

Straßenbahn-Jahrbuch 2002

Deutschland und Europa

GeraMond
STRASSENBAHN MAGAZIN BIBLIOTHEK

Titelaufnahmen: Wolfgang Klee (2), Wolfgang Kaiser
Rücktitelaufnahme: Wolfgang Klee

Die Deutsche Bibliothek – CIP-Einheitsaufnahme

Ein Titeldatensatz für diese Publikation ist bei
Der Deutschen Bibliothek erhältlich

ISBN 3-7654-7203-4

im Hause GeraNova Zeitschriftenverlag GmbH, D-80632 München
www.geranova.de

1. Auflage 2002

Am Straßenbahn-Jahrbuch 2002 haben als Textautoren mitgewirkt: Dirk Budach, André-Mario Buggle, Marcel Broennle, Hans Casteleijn, Wolfgang Clössner, Jörn Fries, Frank Heilmann, Wolfgang Kaiser, Wolfgang Klee, Michael Kochems, Günter H. Köhler, Stefan von Mach, Dominik Madörin, Andreas Mausolf, Martin von Minden, Frank Muth, Ditmar Pauke, Alexander Piesenecker, Klaus Reichenbach, Axel Reuther, Ulrich Rockelmann, Peter Schricker, Frank Berno Timm, Giulio Viano, Stefan Vockrodt, Hans J. Werner.

Lektorat: Claus-Jürgen Jacobson
DTP-Bearbeitung: Klaus Beutel
Herstellung: Bettina Schippel
Druck: Printer Trento s.r.l., Trento
Printed in Italy

Inhalt

Während in vielen Städten Ostdeutschlands (hier Zwickau) die Straßenbahn in den letzten Jahren auf eine sichere Basis gestellt werden konnte, drohen anderenorts Stagnation und Stilllegung
W. KLEE

Einleitung

Auf den ersten Blick scheint die Sache klar: die Straßen- und Stadtbahnen im westlichen Europa sind weiter auf dem Vormarsch. In Spanien wie in Schweden werden fleißig neue Pläne erarbeitet, in England oder in Italien nicht minder. In Österreich wie in der Schweiz kommen moderne Niederflurfahrzeuge voran, in Holland und in Belgien werden neue Strecken eröffnet. Das rasanteste Tempo legt weiterhin Frankreich vor, wo Stadt um Stadt wieder den Weg zum Schienen-Nahverkehr einschlägt – alle Achtung! Deutschland, Straßenbahn-Land Nummer eins, macht da keine Ausnahme. Die Fahrgastzahlen steigen, die Einnahmen auch. Im Jahr 2001 haben die im VDV (Verband Deutscher Verkehrsunternehmen) organisierten kommunalen und regionalen Betriebe (also DB-Regio nicht mitgerechnet) 7,5 Milliarden Passagiere befördert (1,7 Prozent mehr als 2000) und dabei Einnahmen aus dem Fahrausweisverkauf von gut 9,2 Mrd. Mark erzielt (plus 4,4 Prozent). Da kann man nicht meckern.

Aber woanders. In Hamburg hat sich die neue Bürgerschaft mit ihrer Mehrheit aus CDU, FDP und Schill-Partei schnurstracks aus der Stadtbahn verabschiedet und will wieder dem Autofahrer die Füße küssen; ähnlich ging es in Wiesbaden zu, wo auf Druck der FDP die Union das Thema Stadtbahn beerdigte. Gottlob gibt es auch Gegenteiliges zu berichten: Hanau will sich in die Reihe der Stadtbahn-Städte zurückmelden, und Heilbronn hat es 2001 mit Furore getan.

Andere Probleme dürfen nicht übersehen werden. Weiterhin tun sich Viele mit einem erfolgreichen Start in die Zeit des Wettbewerbs schwer. Nicht wenige Betriebe haben Spartentarifverträge abge-

Zahlen und Daten in diesem Jahrbuch

Es ist unmöglich, zu einem gemeinsamen Stichtag von allen Betrieben exakte Daten zu erhalten. Bauarbeiten, laufende Fahrzeug-Zu- und -Abgänge, buchungstechnische Besonderheiten, Definitionsfragen (Betriebshof/Werkstatt/Abstellanlage?) etc., ja oft sogar innerhalb eines Hauses abweichende Angaben machen da Probleme. Die Redaktion hat aus den ihr zur Verfügung stehenden Daten in diesen Fällen solche Zahlen zusammengestellt, die für Anfang 2002 zumindest ein klares Bild über die Größenordnung von Strecken- bzw. Liniennetz des Betriebes und die seines Fahrzeugparks geben. Bei den Linien ist – sofern nicht anders vermerkt – die Zahl der Taglinien angegeben, und von diesen nur die Stammlinien.
Zu den Fahrzeugzahlen. Genannt sind – sofern nicht anders vermerkt – nur Wagen für den Liniendienst (ohne dauerhaft abgestellte), also keine Arbeitsfahrzeuge etc. Auch Sonderlinge wie Oldtimer oder Partywagen sind in der Regel nicht gesondert aufgelistet, da eine durchgängige Darstellung hier den Rahmen gesprengt hätte.

schlossen; die bedeuten in der Regel: Neue Fahrer oder Schrauber verdienen bei mehr Arbeitszeit weniger Geld. Und in den Büros wird auch gespart. Gut sparen lässt sich bei Zusammenschlüssen. Der Spektakulärste: DB Regio und die Üstra in Hannover fahren demnächst vereint, und auch in anderen Städten will man dies tun. DB-Konkurrent Connex hält dagegen und übernahm mit den Anteilen an den Stadtwerken Görlitz dort seine erste Straßenbahn. Aber Fusionen haben ihre Tücken, die groß angekündigte von Köln und Bonn droht im rheinischen Hickhack zu verenden. Ähnlich problematisch könnte die von der Politik forcierte von S-Bahn (DB) und BVG (kommunal) in Berlin werden. Mal abwarten.

Abwarten heißt es auch beim Blick nach Brüssel: Was kommunale Betriebe künftig dürfen und was nicht – ganz Genaues weiß man (noch immer) nicht. Es besteht Hoffnung, dass blankem Liberalismus – nur der Billigste fährt – durchaus Grenzen gesetzt bleiben. Auch die Bundesregierung wies in diese Richtung, als sie eine gesetzliche Regelung vorlegte, nach der bei Aufträgen der Öffentlichen Hand nur Bieter berücksichtigt werden, die sich an die Tarifverträge halten. Was aus all dem wird, bleibt spannend.
Kurzum: Unsere Bahnen sind in Bewegung, und zwar nicht nur auf ihren Schienen. Und das ist auch gut so.

Wolfgang Klee

Stuttgarts SSB bleibt der Musterknabe unter den großen deutschen Stadtbahnbetrieben. Die Gelben konnten ihren Kostendeckungsgrad inzwischen auf 86 Prozent steigern
W. Klee

Das Karlsruher Modell stößt auch in Norddeutschland auf großes Interesse: Am 1. und 2. September bot die Bremer Weserbahn Schnupperfahrten mit zwei Fahrzeugen der Saarbahn auf den Strecken nach Oldenburg und Nordenham an
T. Vehlber

im-Uphusen
City
FILM
THEATER
c O'Polo
8
Huchting
3073

Straßenbahnen in Deutschland

Die Modernisierung der Straßenbahnen in Deutschland macht weiterhin Fortschritte: Die im August 2001 eröffnete neue Haltestelle Herdentor in Bremen dient der besseren Anbindung der Innenstadt
W. Klee

Zur Eröffnung kam auch Rostocks historischer Triebwagen 1 nach Lütten Klein (Rügener Straße); 2004 geht es von hier weiter bis zur Endstelle Mecklenburger Alle in Lichtenhagen K. REICHENBACH

Unten: Am Saarplatz in Rostock: Der Stadtbahnausbau erzwingt zahlreiche Baustellen H.STEINFORT

Rostocker Straßenbahn AG
Hamburger Str. 115
18069 Rostock
www.rsag-online.de

Streckennetz:

Linienzahl	*4*
Streckenlänge	*28 km*
Spurweite	*1435 mm*

Fahrzeuge:

Triebwagen	*64*
Beiwagen	*24*

Betriebshöfe:	*1*

Rostock

Das ehrgeizige Rostocker Straßenbahn-Ausbauprogramm machte auch 2001 große Fortschritte. Am 8. Juli wurde der 2,8 km lange Neubauabschnitt Evershagen (Thomas-Morus-Straße) – Lütten Klein (Rügener Straße) dem öffentlichen Verkehr übergeben. Er schließt an die ein Jahr zuvor eröffnete erste Neubaustrecke Marienehe – Evershagen an. Als dritter Abschnitt dieser Neubaustrecke soll 2004 das Stück von Rügener Straße bis zur Endstelle Mecklenburger Allee in Lichtenhagen folgen.

Neben der Neubaustrecke in die Wohngebiete im Norden der Stadt steht die Neubaustrecke vom Hauptbahnhof in den Süden Rostocks (Mensa/Nobelstraße) im Mittelpunkt der Bemühungen (nach Fertigstellung auch dieses Vorhabens wird das Rostocker Streckennetz von 22 km 1993 auf 36 km gewachsen sein). Seit 15. November 2001 fährt, bedingt durch die Bauarbeiten am Hauptbahnhof – hier befindet sich ein Tunnel für die neue Süd-Strecke der Straßenbahn im Bau – bis zum Frühjahr 2003 keine Straßenbahn mehr bis zum Hauptbahnhof. Durch Linienveränderungen und Schienenersatzverkehr wurde gleichzeitig ein Fahrplanwechsel notwendig. Die Straßenbahnlinien verkehren seit 15. November 2001 so: Linie 1 wie bisher von der Hafenallee zur Rügener Straße. Linie 4 fährt weiterhin vom Haltepunkt Dierkow zur Rügener Straße. Die Linie 11 fährt seit 15. November vom Kurt-Schumacher-Ring zum Neuen Friedhof. Die Linie 81 verkehrt vom Haltepunkt Dierkow direkt zum Platz der Jugend. Es entfallen die Linie 3 vom Kurt-Schumacher-Ring zum Hauptbahnhof, ebenfalls die Linie 12 von der Thomas-Morus-Straße zum Hauptbahnhof. Die Abendlinie 82 fährt ebenfalls nicht mehr, aber Linie 1 übernimmt ihr Angebot. Am Steintor wurde ein direkter Umsteigepunkt zwischen Bus und Bahn geschaffen. Die Buslinie 10 übernimmt den Schienenersatzverkehr zwischen Hauptbahnhof und Steintor.

Mit dem Neubauabschnitt kamen im Sommer auch die ersten der 24 neuen Niederflurbeiwagen der RSAG zum Einsatz. Sie werden hinter den 24 modernisierten Tatra-T6 eingesetzt. Ansonsten bestimmen die 40 NGT6 das Bild, so dass heute jeder Zug mit Niederflur-Komfort aufwarten kann. ■

Der SN 2001 wird in Schwerin nach und nach die Tatra-Fahrzeuge ablösen I. NAEFCKE

Schwerin

Auch in Schwerin ist das Ende des Tatra-Zeitalters eingeläutet worden. Mit einem Tag der offenen Tür hat die Nahverkehr Schwerin GmbH (NVS) am 24./25. August 2001 die ersten Niederflurfahrzeuge vom Typ SN 2001 für die Landeshauptstadt Mecklenburg-Vorpommerns vorgestellt. Die knapp 30 m langen Wagen sind von der für Kassel entwickelt jüngsten Fahrzeuggeneration 8NGTW abgeleitet und werden bei Bombardier Bautzen in Stahlleichtbauweise gefertigt, den elektrischen Teil liefert die Firma Kiepe Elektrik. Die dreiteiligen Garnituren (Achsfolge Bo'2'2'Bo' – es handelt sich also um Drehgestellfahrzeuge) verfügen über vier Drehstrom-Asynchronmotoren mit einer Gesamtleistung von 500 kW und erreichen eine Höchstgeschwindigkeit von 70 km/h. Klimatisierung, Videobildschirme, eine mit 92 Sitz- und 107 Stehplätzen reichlich bemessene Transportkapazität, die auch Raum für Kinderwagen und Fahrräder lässt, die nur noch sechs Zentimeter zwischen Bahnsteig und Fahrzeugboden messende Einstiegshöhe (dafür hatte die NVS ein umfassendes Haltestellenumbauprogramm aufgelegt) und andere Dinge bringen deutlich mehr Komfort als die Tatra-Wagen.

Bestellt sind 28 Straßenbahnzüge zu einem Stückpreis von 3,2 Millionen Mark, bis Ende 2003 wird monatlich ein Fahrzeug geliefert. Zusätzlich gibt es eine Option auf weitere zehn Wagen. Ab 2004 sollen die SN 2001 auch die letzten der Ende 2001 noch vorhandenen 21 Tatra-Traktionen (Triebwagen+Beitriebwagen) und 21 Tatra-Großzüge (Tw+Tw+Btw) abgelöst haben. ■

Nahverkehr Schwerin GmbH
Ludwigsluster Chaussee 72
19061 Schwerin
www.nahverkehr-schwerin.de

Streckennetz

Streckenlänge	*22,2 km*
Linienzahl	*4*
Spurweite	*1435 mm*

Fahrzeuge

Tatra-Triebwagen	*63*
Tatra-Beitriebwagen	*42*
Niederflurtriebwagen	*6*
Betriebshöfe:	*1*

Die Kultourbahn macht sich gut vor dem frisch renovierten Hauptbahnhof
M. VON MINDEN

Bremen

2001 war das Jahr des 125jährigen Jubiläums für die Bremer Straßenbahn AG (BSAG). Am 28. August 1876 wurde die BSAG als „Bremer Pferdebahn Actien Gesellschaft" gegründet, 1890 folgte ein elektrischer Probebetrieb und 1892 wurde der elektrische Linienbetrieb aufgenommen. Das Jubiläum wurde am 25. März 2001 groß gefeiert. Höhepunkt war dabei ein Korso, bestehend aus nahezu 30 Fahrzeugen, darunter die Museumsstraßenbahnen, Linienfahrzeuge sowie Arbeitswagen. Auf dem historischen Bremer Marktplatz feierten mehrere 10.000 Besucher das Jubiläum.

Einen Tag vor der Jubiläumsfeier trat der Sommerfahrplan in Kraft. An diesem 24. März wurde die neue, etwa 600 Meter lange Straßenbahnstrecke durch die Wester- und Osterstraße offiziell eröffnet. Seitdem fahren die Linien 5 und 8 auf anderen Wegen durch die Bremer Innenstadt und nutzen dabei die neue Verbindungsstrecke in der Bremer Neustadt; sie war zuvor bereits sechs Wochen lang im Januar und Februar als Umleitungsstrecke genutzt worden.

An der Kreuzung Westerstraße wurde ein neues Gleisviereck, mit Weichen in Richtung Bahnhof Neustadt, eingebaut. Am Bahnhof Neustadt sollen später die Bahnen der geplanten „RegionalStadtBahn" (RSB) auf die DB-Gleise rollen um dann bis nach Delmenhorst, Oldenburg oder Nordenham zu fahren.

Die neue Strecke durch die Westerstraße ersetzt auch die alte Betriebsstrecke in der Pappelstraße, die nur noch bei Ein- und Ausrückfahrten des Betriebshofs Neustadt oder bei Umleitungen genutzt wurde. Sie wurde Mitte des Jahres stillgelegt.

Am 5. Juni wurde der offizielle erste Spatenstich zur Verlängerung der Linie 4 (zweiter Bauabschnitt) über die 1998 eröffnete Endstelle Horn-Lehe bis nach Borgfeld vollzogen. In einigen Jahren soll die Straßenbahn von dort aus bis ins niedersächsische Umland nach Lilienthal-Falkenberg fahren (3. Bauabschnitt). Die Eröffnung der rund 3,5 km langen Strecke bis nach Borgfeld ist für Ende 2002 vorgesehen.

Zur besseren Erschließung der Bremer Innenstadt wurde am 11. August die Haltestelle Herdentor, zwischen den

Bremer Straßenbahn AG (BSAG)
Flughafendamm 12
28199 Bremen
www.bsag.de

Streckennetz:

Linien	*8*
Linienlänge	*99,2 km*
Spurweite	*1435 mm*

Fahrzeuge:

Triebwagen	*137*
Beiwagen	*57*

Betriebshöfe: *5*

Haltestellen Hauptbahnhof und Schüsselkorb gelegen, für die Linien 1S, 4, 6, 8 sowie N11 und N12 dem Verkehr übergeben.
Die Haupteinkaufsmeile, die Obernstraße, wurde im Jahr 2001 komplett umgebaut. Dies machte von Juni bis November eine Umleitung der Straßenbahnlinien 2 und 3 durch die neue Strecke in der Westerstraße notwendig. Da die nächste Fahrzeuggeneration eine Fahrzeugbreite von 2,65 m (bisher 2,30 m) aufweisen wird, wurde auf allen erneuerten Strecken der Gleismittenabstand vergrößert.
Zwischen Ende 2004 und 2009 sollen 43 neue Straßenbahnen beschafft werden, die die in den 70er Jahren hergestellten Wegmann-Züge ablösen sollen. Dreizehn weitere Bahnen sind für geplante Streckenverlängerungen angedacht und weitere 18 Fahrzeuge sollen als Zweirichtungs-/Zweisystemwagen für die geplante RSB angeschafft werden. Die Auswahl der Fahrzeugfamilie und damit des Fahrzeugherstellers erfolgt Anfang 2002.
Pünktlich zum Jubiläum im März 2001 wurde der neue Museumswagen 701 der Öffentlichkeit präsentiert. Das Fahrzeug, das für die Nachkriegsgeschichte der BSAG steht, wurde 1947 gebaut und war bis 1970 im Einsatz.
Der sechsachsige Triebwagen 3560 wurde zur „Kultourbahn" umgebaut. Mit einer Bühne im mittleren Wagenteil und umgedrehten Sitzen im ersten Fahrzeugteil war die Bahn an vier verschiedenen Terminen zu kulturellen Anlässen unterwegs. Die Triebwagen 3522 (Wegmann, Bj. 1974) und 3067 (Niederflur, Bj. 1996) mussten nach einem schweren Verkehrsunfall im März 2001 ausgemustert werden.
Eine hundertprozentige Tochter der BSAG, die Bremer Vorortbahnen Gesellschaft (BVG), wurde Mitte des Jahres in „WeserBahn GmbH" umbenannt. Von der Weserbahn aus werden fast alle Eisenbahnaktivitäten der BSAG geführt. Sie führt weiterhin den Reisebusbetrieb durch, ist Betriebsführerin der Bremen-Thedinghauser-Eisenbahn (BTE) und der Verkehrsbetriebe Grafschaft Hoya (VGH), und sie ist am Eisenbahnnetzwerk Bremen/Niedersachsen (EBN) beteiligt. Außerdem soll sie in Zukunft die RSB-Leistungen erbringen.
Um einen Vorgeschmack auf die RSB zu geben, veranstaltete die Weserbahn am 1. und 2. September kostenlose Schnupperfahrten mit zwei Fahrzeugen der Saarbahn auf den Strecken Bremen – Oldenburg und Bremen-Nordenham. Dabei wurden die Planungen für die RSB der Öffentlichkeit präsentiert.
Bei allen Fahrzeugen der BSAG sind seit Mitte Dezember 2001 Ticket-Terminals installiert, an denen man mit seiner Geldkarte den Fahrschein lösen kann. Da das Ticket auf dem Geldkartenchip gespeichert wird, bezeichnet die BSAG dieses Verfahren als „chippen". Wer auf Bargeld nicht verzichten möchte, kann seine Fahrscheine weiterhin im Vorverkauf oder beim Fahrpersonal kaufen. ■

Triebwagen 3009 steht am 24. März 2001 als Eröffnungszug in der Westerstraße bereit M. von Minden

Braunschweiger Verkehrs-AG (BSVAG)
Carl-Miele-Straße 4
38112 Braunschweig
Internet:
www.bsvag.de

Streckennetz:
Spurweite 1100 mm
Taglinien 9
Taglinienlänge: 77,9 km

Fahrzeuge:
Triebwagen 52 (davon 13 Niederflur)
Beiwagen 26

Betriebshöfe: 1

Braunschweig

Zu Beginn des Jahres 2001 trat der von Vorstand, Stadt und Betriebsrat des Unternehmens ausgearbeitete Restrukturierungsvertrag in Kraft, der das Defizit der Braunschweiger Verkehrs-AG binnen fünf Jahren um 20 Mio. DM senken soll. Im Zuge der Umsetzung dieses Vertrages ist auch das neue Liniennetz zu sehen, das Anfang August 2001 den Betrieb aufnahm. Das zuvor nur zur Hauptverkehrszeit betriebene Twinliniennetz verkehrt nun ganztags, allerdings mit von 15 auf 20 Minuten verlängerter Zugfolge. Im Straßenbahnnetz kam eine neue Linie 9 hinzu (Krematorium – Radeklint), die damit die Strecke wieder bedient, die von 1987 bis 1997 von der alten Linie 4 befahren wurde.

Erfreulich ist, dass der jahrelange Fahrgastrückgang gestoppt werden konnte. Nachdem schon 2000 ein geringer Anstieg der Fahrgastzahlen auf 34,4 Mio. zu verzeichnen war, stieg die Zahl der beförderten Fahrgäste im Jahre 2001 um rund fünf Prozent, und das bei weiterhin sinkender Einwohnerzahl der Stadt.

Ebenfalls im Jahre 2001 konnte – nach rund zwei Jahren Bauzeit – die Sanierung der Gliesmaroder Straße abgeschlossen werden. Zwischen den Haltestellen Gliesmaroder Straße und Grabenstraße wurde durchgehend ein Flüsteroberbau verlegt und der Gleismittenabstand für 2,65 m breite Stadtbahnwagen vorbereitet. Auf den Einbau einer dritten Schiene für die Normalspur wurde verzichtet, soll doch die Strecke nach Volkmarode in den zwanziger Jahren Auslaufstrecke für die 1100 mm-Spur sein. Mit niederflurgerechten Kaphaltestellen hat die Straße viel gewonnen.

Im Jahre 2002 soll die Sanierung der Strecke durch das Siegfriedviertel beginnen. Im Gegensatz zur Gliesmaroder Straße, wo nur zum Ein- bzw. Ausbau der Baustellenweichen ein Busersatzbetrieb für die Linien 3 und 8 durchgeführt wurde, wird im Siegfriedviertel der Trambahnbetrieb der Linien 2 und 6 während der Bauarbeiten eingestellt. Im kommenden Jahr soll auch der Planfeststellungsbeschluss für die lange geplante Neubaustrecke nach Stöckheim erfolgen. Allerdings kann hier – ebenso wie beim lange beschlossenen Lückenschluss Heinrich-Büssing-Ring (Bürgerpark) – Hbf – im Jahre frühestens 2003 mit einem Baubeginn gerechnet werden.

Im Oktober kollidierte der Typ-Mannheim-Triebwagen 7352 auf der Ham-

Generationen begegnen sich: Braunschweigs Niederflurwagen 9558 und der historische Zug mit dem frisch umlackierten Beiwagen 201 am Schluss
S. Vockrodt

burger Straße so unglücklich mit einem LKW, dass eine Verschrottung des Wagens wahrscheinlich ist. Da die Verkehrs-AG derzeit in Spitzenzeiten nur rund 40 ihrer 50 Triebwagen benötigt, besteht genügend Überhang. Eine geplante Verschrottung von fünf Mannheim-Triebwagen konnte jedoch verhindert werden.
Die ursprünglich für den August avisierte Entscheidung, ob weitere Typ-Mannheim-Wagen wie Triebwagen 0051 mit einem Niederflur-Mittelteil versehen werden sollen, ist auf das Frühjahr 2002 verschoben worden. Es wird sich zeigen, inwieweit die neue Ratsmehrheit aus CDU und FDP bereit ist, Investitionen in den Straßenbahnbetrieb zu unterstützen.
Die Oldtimer 1 und 2 erhielten wieder einen elfenbeinfarbenen Anstrich und die historische Wagennummer 113 für den Triebwagen (also die Originalnummer) und 250 für den Beiwagen, eine Nummer, die bisher unbesetzt geblieben war. Gemeinsam mit Triebwagen 103 sowie 35 (Düwag) und Großraum-Beiwagen 201 sind sie recht häufig im Sonderzugdienst unterwegs. Beim Tag des offenen Denkmals wurde erstmals der 1999 aus Wehmingen heimgeholte Arbeitstriebwagen 418 (ex 82, letzter Original-Braunschweiger Triebwagen mit Holzkasten) der Öffentlichkeit präsentiert. Die Aufarbeitung des Wagens liegt derzeit mangels Geld auf Eis. Gleiches gilt für die fällige Hauptuntersuchung des letzten LHB-Sechsachsers 15.
Möglicherweise beginnt auch im Großraum Braunschweig schon 2002 das Regionalstadtbahn-Zeitalter.
Zwar können dann, wie in Kassel, die Regionaltramwagen nicht in die Stadt fahren, aber eine Ablösung der DB AG als Betreiber auf den Strecken nach Gifhorn bzw. Salzgitter-Lebenstedt ist möglich. ■

Hannover

In Hannover entsteht ein neuer Nahverkehrs-Riese. Die Üstra Intalliance AG, bislang im alleinigen Besitz der Üstra, hat am 26. Oktober 2001 zwei weitere Eigentümer bekommen: die DB Regio AG und die Nord LB. Seitdem halten die Üstra Hannoversche Verkehrsbetriebe AG und die DB Regio AG, die Nahverkehrssparte der Deutschen Bahn, 40 Prozent der Anteile des Unternehmens und die Nord LB als Finanzinvestor 20 Prozent. Unter dem Dach der Üstra Intalliance AG wollen Üstra und DB Regio ihre Nahverkehrsleistungen im Großraum Hannover bündeln. Management und Betrieb von Nahverkehrsleistungen sollen dabei künftig auch außerhalb des Großraums Hannover angeboten werden. Die Besetzung der beiden Vorstände erfolgt paritätisch durch die Deutsche Bahn und die Verkehrsbetriebe Hannover.
Durch die gemeinsame Gesellschaft sollen die einzelnen Angebote wie S-Bahn, Stadtbahn und Bus noch besser und effektiver miteinander verknüpft werden. Beide Verkehrsunternehmen wollen im Laufe des Jahres 2002 ihre jeweiligen Verkehrsleistungen aus dem Stadtbahn- und Busgeschäft sowie aus der S-Bahn inklusive der Fahrzeuge und Instandhaltung sowie des dazugehörigen Personals in die Intalliance AG überführen. Rund 2200 Mitarbeiter werden im neuen Gemeinschaftsunternehmen zum geplanten Start im Herbst 2002 beschäftigt sein. Perspektivisch will die DB Regio AG auch Teile ihrer Busaktivitäten in Niedersachsen an das Gemeinschaftsunternehmen übergeben.
Rund 320 Stadtbahnwagen und 230 Busse sowie eine jährliche Verkehrsleistung von etwa 756 Millionen Personenkilometer wird die Üstra in das Gemeinschaftsunternehmen einbringen. Seitens

Üstra Hannoversche Verkehrsbetriebe AG
Postfach 2540
30025 Hannover
www.uestra.de

Streckennetz:

Linienzahl	*12*
Linienlänge	*183 km*
Streckenlänge	*114 km*
Spurweite	*1435 mm*

Fahrzeuge:

Triebwagen	*306*

Betriebshöfe: *3*

Nach dem turbulenten Expo-Jahr konnte ab 2001 die Zahl der TW 6000 reduziert werden, 162 sollen bei der Üstra bleiben (hier an der Universität) W. KLEE

der DB Regio AG werden zu Beginn 40 S-Bahn-Triebzüge der Baureihe ET 424 und eine jährliche Verkehrsleistung von rund 400 Millionen Personenkilometern einfließen.

Unter den Stadtbahnwagen, die in das neue Unternehmen rollen werden, befinden sich neben den 144 TW 2000/2500 noch 162 Wagen vom Typ TW 6000 (Bestand Anfang 2002). Ursprünglich beschafft worden waren von diesem Typ zwischen 1974 und 1992 260 Stück; 70 Fahrzeuge wurden bzw. werden 2001/2002 von der Üstra abgegeben: zwei haben im niederländischen Houten bei Utrecht eine neue Heimat gefunden, wo sie gewissermaßen im Vorlaufbetrieb für eine S-Bahn bzw. im Ausbau befindliche Regionaleisenbahn neben einer Eisenbahnmagistrale fahren (Utrecht – Houten Castellum), 68 Stück wurden im April 2001 über einen Zwischenhändler an die Budapester Verkehrsbetriebe vermittelt, die Ablieferung zieht sich noch bis ins Frühjahr 2002 hin. Darüber hinaus wurde Ende 2001 der Verkauf von 15 weiteren TW 6000 nach Ungarn vereinbart: 7 für Debrecen, 8 weitere für Budapest.

Nach den umfangreichen Neubauten im Vorfeld der Expo 2000 tritt man bei der Stadtbahn Hannover in Sachen Netzerweiterung zunächst einmal etwas kürzer. Noch Ende 2002 wird voraussichtlich die Verlängerung der Linie 5 nach Anderten eröffnet werden. In Planung befinden sich die Verlängerungen von Lahe nach Altwarmbüchen (4,2 km) und Misburg/Nord (1,5 km). Die Strecke wird sich in der Podbielskistraße in die beiden Äste verzweigen. Baubeginn wird frühestens Anfang 2003 sein, mit der Inbetriebnahme ist nicht vor Ende 2005 zu rechnen. Weiter fortgeführt wurde 2001 und wird auch künftig das Hochbahnsteig-Programm.

Insgesamt präsentierte sich die Üstra 2001 in guter Verfassung. Nachdem schon 2000 die Fahrgastzahlen um 6,7 Prozent auf 149,3 Mio. gestiegen waren (nicht zuletzt wegen der Expo), setzte sich der positive Trend auch 2001 fort, wo in den ersten Monaten ein Fahrgastplus von drei Prozent ermittelt wurde. ■

Berlin

Die Turbulenzen in der Berliner Landespolitik blieben nicht ohne Auswirkungen auf den Verkehr. Der SPD-Stadtentwicklungssenator Strieder konnte seine verkehrspolitische Linie zunächst fortführen, das hieß hier vor allem Fortsetzung des Beschleunigungsprogramms für die Tram. Bei den Straßenbahnlinien 1, 6, 8, 18 konnte bereits in 2000 die durchschnittliche Reisegeschwindigkeit auf ca. 21,5 km/h angehoben werden. Die Linie 6 konnte somit um sechs Minuten, die Linie 1 um drei Minuten und die Linie 8 um fünf Minuten je Richtung beschleunigt werden. Bei gleichbleibender Zugfolge konnten somit vier Straßenbahnzüge eingespart werden. Entsprechend wurden in 2001 die Umbauten der Signalanlagen entlang der Linien 2, 3 und 4 zwecks Einsparung von zwei weiteren Zügen vorgenommen. Bis Ende 2001 verkehrten praktisch alle Linien mit insgesamt etwa 200 Lichtsignalanlagen außerhalb des Zentrumsbereiches beschleunigt. Die Einsparungen bei Personal und Fahrzeugen werden nach Umsetzung des gesamten Trambeschleunigungsprogramms mit etwa 5,9 Mio. DM jährlich prognostiziert. Dafür waren dann Investitionen in Höhe von 81 Mio. DM erforderlich.

Im Oktober stellte Strieder außerdem den „Nahverkehrsplan 2001 bis 2004" vor. Neben der Einrichtung eines durchgehenden Nachtverkehrs auch bei der Tram wurden als konkrete Ziele formuliert: die Neubaustrecke vom Prenzlauer Tor zum Alexanderplatz und die Verlängerung der Linie 20 in der Bernauer Straße bis zum Nordbahnhof.

Wie die Zukunft der Straßenbahnprojekte aussehen wird, war wegen der zum Jahresende noch andauernden Koalitionsgespräche noch nicht absehbar. Dass der neue Senat allerdings drastisch sparen muss schien unstrittig.

Sparsam fällt die konkrete Neubauplanung für die Verbindung Mollstraße – Karl-Liebknecht-Straße – Dircksenstraße (unmittelbar nördlich vom S-Bahnhof Alexanderplatz) – Rathausstraße (prov. stumpfe Endstelle) aus. Statt der ursprünglich vorgesehenen Gleisdreiecke werden meistens nur die für den Planbetrieb notwendigen einfachen Abzweige eingebaut.

Berliner Verkehrsbetriebe (BVG)
Potsdamer Straße 188
10783 Berlin
www.bvg.de

Verkehrsnetz:	
Streckenlänge (km)	182
Linienanzahl Tag/Nacht	28/5
Linienlänge (km) Tag/N.	371/60
Spurweite	1435 mm
Fahrzeuge:	
Niederflurtriebwagen	130
Tatra-Triebwagen	388
-Beiwagen	64
Betriebshöfe	6

Die Zweirichtungs-Niederflurbahnen kommen vornehmlich auf den Linien 20 (hier an der Warschauer Straße) und 3 zum Einsatz
W. Klee

Das „Basler Trämli" (ein umgestalteter Potsdamer Combino) brachte im Sommer 2001 schweizer Flair nach Berlin
D. MAY

Bild rechte Seite: Die während des Brückenbaus in Brandenburg eingerichtete Pendellinie 7 wurde im Oktober wieder eingestellt.
F. MUTH

Das zweite brisante Thema das Jahres war der von der Politik angestrebte Zusammenschluss von S-Bahn-Berlin und der BVG. Senator Strieder stellte allerdings klar, dass es aus seiner Sicht weniger um den Abbau von Parallelverkehren ginge, sondern um Fragen der betrieblichen Optimierung und die Chance, Leistungen aus einer Hand zielsicherer zu erbringen. Das Nahverkehrsangebot in Berlin wird weiter durch das Land Berlin in seiner Funktion als Aufgabenträger für den ÖPNV und SPNV bestimmt – unabhängig von einer möglichen Fusion BVG/S-Bahn.
Der Wagenpark wird nun endlich durch die 30 weiteren Niederflurwagen (Nummern 2016 bis 2045) in Zweirichtungs-Ausführung vom Typ GT6-99ZR ergänzt. Nach Ablieferung des ersten Fahrzeugs bestand die BVG beharrlich auf massiven Nachbesserungen, da das bei der Bevölkerung verhasste Getriebegeräusch nicht mehr hinnehmbar war. Nach intensiven Versuchen konnten die neuen Wagen nachgebessert werden und in zähem Ringen wurde sogar ein weitreichender Kompromiss mit dem Hersteller erzielt: bis 2003 werden zusätzlich die vorhandenen Niederflurwagen entsprechend umgerüstet. Die neuen GT6-99ZR – sie verfügen übrigens als erste berliner Trams über eine klimatisierten Fahrgastraum – kommen zunächst auf den Linien 20 und 3 zum Einsatz. Bis März 2002 sollten die 30 Neuen abgeliefert sein, die BVG verfügt dann über insgesamt 150 Niederflurbahnen.
Ein Farbklecks im gelben Fahrzeugmeer bot vom 10. bis zum 16. Mai der Einsatz des Potsdamer Combinos 411, der für eine PR-Aktion der Schweizer Botschaft als Basler Tram mit grünen Farbfolien beklebt worden war.
Der massive Protest von Anwohnern hat dazu geführt, dass die BVG wieder einen eigenen Schleifwagen auf die Räder gestellt haben, der jetzt regulär die Gleise an neuralgischen Stellen bearbeitet und damit auch für hörbare Ergebnisse sorgt.
Von Interesse für Straßenbahnfans war ferner in 2001 die Inbetriebnahme eines Eisenbahn-Gleisanschlusses für das Technikmuseum, der zukünftig für einen Museumseisenbahn-Betrieb zu den Depothallen des Museums dienen soll. In der Depothalle 2 befindet sich die umfangreiche BVG-Sammlung „ÖPNV" mit ihren Bussen, U- und S-Bahn-Wagen. Die Hallen sollen dann dauerhaft öffentlich zugänglich sein. ■

Brandenburg an der Havel

Mit einem bemerkenswerten, kostensenkenden Tarifvertrag haben Belegschaft und Geschäftsführung eine Ausschreibung der Nahverkehrsleistungen durch den Gesellschafter (Stadt Brandenburg) abwenden können. Bis 2006 verzichten die Mitarbeiter auf Lohnerhöhungen sowie Weihnachts- und Urlaubsgeld, dafür gibt es keine betriebsbedingten Kündigungen.

Nach Fertigstellung des Neubaus der Luckenberger Brücke gilt seit dem 14. Oktober 2001 der neue Fahrplan für wieder drei Linien, die alle mittels Schleifenfahrt über den südlichen Ring jeweils im Einbahnverkehr wenden. Als Endhaltestelle fungiert jeweils der Hauptbahnhof. Linie 1 fährt von Kirchmöser kommend über die Luckenberger Brücke und befährt dann im Uhrzeigersinn den Ring über St. Annenstraße, Hauptbahnhof, Große Gartenstraße. Die beiden anderen Linien fahren weiter über die Jahrtausendbrücke, wobei Linie 2 ebenfalls im Uhrzeigersinn den Ring befährt und Linie 6 die Gegenrichtung (über Große Gartenstraße, Hauptbahnhof, St. Annenstraße). Neu wird sonnabends während der Geschäftszeiten wieder im 15- statt im 30-Minutentakt gefahren. Die während des Brückenbaus eingerichtete Pendellinie 7 (Hauptbahnhof – Kanalstraße) wurde gleichzeitig wieder eingestellt. Hier war ein GT4 im Einsatz, der am Hauptbahnhof im Überholgleis und am Gleiswechsel vor dem Depot stumpf endete.

Während des starken Schneefalls Anfang Februar 2001 wurde diese Linie wegen akuten Wagenmangels zeitweise mit dem 88 Jahre alten Museumswagen 30 bedient, wobei der Schaffner Mühe hatte, die wenigen Fahrgäste zum Mitfahren zu bewegen: Sie glaubten an einen Scherz.

Im Jahre 2002 werden die vorbereitenden Arbeiten für eine neue und wesentlich fahrgastfreundlichere Haltestelle vor dem Hauptbahnhofsgebäude beginnen. Ansonsten sind mittelfristig „nur« Gleiserneuerungsarbeiten zu erwarten – aber auch eine Stilllegung! Je nach Fortgang der Straßenbauarbeiten soll die endgültige Einstellung der Überlandstrecke von Anton-Saefkow-Allee nach Plaue und Kirchmöser mit enger Ortsdurchfahrt im Sommer 2002 erfolgen. Abschiedsfahrten sind vorgesehen und werden kurzfristig bekannt gegeben. Danach will der Betrieb auch die drei Freiburger GT4 ausmustern, weil dann die anderen Wagen genügen (fünf KT4D, zehn KTNF 6 und vier MGT6D) ■

Verkehrsbetriebe Brandenburg an der Havel
Upstallstraße 18
14772 Brandenburg
www.vbbr.de

Streckennetz

Linienzahl	*3*
Streckenlänge	*22,8 km*
Spurweite	*1000 mm*

Fahrzeuge

Triebwagen	*22*

Betriebshöfe	**1**

Bis zum Fahrplanwechsel am 1. November fuhr die Linie 3 in Cottbus nach Ströbitz, jetzt nach Sandow B. Kußmagk

Cottbusverkehr
Walther-Rathenau-Straße 38
03044 Cottbus
www.cottbusverkehr.de

Streckennetz

Linienzahl	*4*
Linienlänge	*28,6 km*
Streckenlänge	*23,7 km*
Spurweite	*1000 mm*

Fahrzeuge

Triebwagen	*43*

Betriebshöfe	1

Cottbus

Aus Anlass des Tag der offenen Tür bei der Cottbusverkehr GmbH am 30. Juli 2001 wurde Freunden und Fahrgästen des Lausitzer Nahverkehrsbetriebs der nagelneue Niederflurwagen 1528 der Essener Verkehrs-AG präsentiert. Das Fahrzeug wurde direkt vom Hersteller Bombardier Bautzen ins Cottbuser Depot im Stadtteil Schmellwitz geliefert. Bei Cottbusverkehr war der Wagen den ganzen Juli über zu Vorführungsfahrten auf der Linie 4 im Einsatz. An eine Beschaffung des Typs denkt Cottbusverkehr nicht, das Angebot sollte vielmehr zeigen, welche Varianten es im Bereich Städtischer Nahverkehr gibt.

Vom 14. Juli bis 14. Oktober 2001 erfolgte der Ausbau der Straßenbahntrasse nach Neu Schmellwitz im ersten Teilabschnitt von der Hst. Sportpalast bis zur Hst. Schleife Neu Schmellwitz. Durch eine gut abgestimmte Bautechnologie konnte der Straßenbahnbetrieb jeweils eingleisig aufrecht erhalten werden, Vollsperrungen waren nur an den Wochenenden notwendig.

Das Projekt Herderstraße legt Cottbusverkehr hingegen auf Eis. Die geplante Verlegung der Linie 3 aus der Madlower Hauptstraße an den Sachsendorfer Stadtrand sei wirtschaftlich nicht mehr zu begründen, so das Unternehmen. Die Linie 3 verkehrt auf der Madlower Hauptstraße auf einer Fahrbahnseite und kommt dort dem Straßenverkehr auf dessen Spur entgegen.

Mit Beendigung der Bauarbeiten am Stadtring im Bereich der Bahnhofskreuzung änderten sich am 1. November 2001 Fahrplan und Liniennetz der Cottbuser Straßenbahn. Seitdem halten alle Straßenbahnlinien in Bahnhofsnähe, die Linie 3 hatte bislang den Bahnhof nicht bedient. Schon mit Beginn des Sommerfahrplanes am 13. April 2001 war die erste Stufe des Konzeptes „Liniennetz Cottbusverkehr 2001" umgesetzt worden, was zunächst den Bus betraf. Ab 1. November wurde also die zweite Stufe realisiert, die Linienendpunkte der Straßenbahnlinien 2 und 3 wurden im Bereich Ströbitz bzw. Sandow ausgetauscht.

Mit Blick auf das anstehende Jubiläum hat Cottbusverkehr den Tatrawagen 109, einer von 26 KTNF6 (hinzu kommen für den Liniendienst 17 KT4D), mit einer transparenten Fotofolie bekleben lassen, die eine alte Tram zeigt. Mit diesem Motiv wirbt man für das 100jährige Jubiläum der Cottbuser Straßenbahn im Jahr 2003. Abgebildet ist die Tram Nr. 11 (Baujahr 1903) an der Endhaltestelle Südfriedhof, abfahrbereit nach Ströbitz auf der Blauen Linie im Juli 1908. Mit dieser Eigenwerbung wird Wagen 109 bis 2003 auf dem Liniennetz im Einsatz bleiben. ■

Zur Inbetriebnahme des neuen ViP-Betriebshofes wurde auch der frisch restaurierte Ur-KT4D 001 präsentiert
K. Reichenbach

Frankfurt an der Oder

Ein äußerlich ruhiges Jahr liegt hinter der SVF (Stadtverkehrsgesellschaft Frankfurt/Oder). Lediglich die Erneuerung des Gleisdreiecks in Neuberesinchen ist zu vermelden. Der neue Fahrplan sah zur Jahresmitte 2001 die Wiederabschaffung des Kleinbusbetriebes in den Abendstunden auf der Linie 4 nach Markendorf, aber auch eine weitere Ausdünnung des Abendverkehrs. Ab etwa 20 Uhr wird nur noch im 30-Minutentakt gefahren. Seit Dezember gibt es als Ergänzung für Diskobesucher etc. einen Rufbusbetrieb, der Gruppen ab fünf Personen nach vorheriger Anmeldung zu einem erhöhten Tarif auf den Linien der SVF zusätzlich befördert.
Lebhaft und mit viel Wohlwollen diskutiert wurde dagegen über eine Straßenbahnstrecke über die Oder in das polnische Slubice. Konkrete Entscheidungen wurden aber noch nicht getroffen. Der Neubau der Oderbrücke kann allerdings ohne größeren Aufwand mit einer Straßenbahnstrecke nachgerüstet werden. ■

Stadtverkehrsgesellschaft Frankfurt (Oder)
Böttnerstraße 1
15232 Frankfurt (Oder)
www.svf-ffo.de

Streckennetz:	
Linienzahl	*5*
Linienlänge	*32 km*
Streckenlänge	*21 km*
Spurweite	*1000 mm*
Fahrzeuge	
KT4D	*25*
NGT6M	*8*
Betriebshöfe	*1*

Potsdam

Zwei Ereignisse ragten beim Verkehrsbetrieb in Potsdam im Jahr 2001 heraus. Aus einem ehemaligen Exerzier- und Übungsgelände ist eine Kulturlandschaft mit Straßenbahn-Anschluss geworden, das „Buga-Gelände"; und: mehrere dezentrale Wartungs- und Abstellanlagen für den Nahverkehr konnten durch einen modernen Betriebshof für Straßenbahn und Bus abgelöst werden.
Der Potsdamer Nahverkehr entwickelt sich zielgerichtet. Den grundhaften Sanierungen der Gleisanlagen und der Bahnstromversorgung folgte 1993 bekanntlich die erste Streckenerweiterung nach Drewitz. Das neue Wohngebiet Kirchsteigfeld wurde 1998 und das Bornstedter Feld 1999 an das Straßenbahnnetz angeschlossen. Die Bundesgartenschau („Buga 2001") vom 21. April bis 7. Oktober 2001 war dasjenige Ereignis, welches für die Stadt Potsdam und ihren ÖPNV zusätzlich einen nachhaltigen infrastrukturellen Schub bewirkte. Die jüngste Streckenerweiterung, der

Verkehrsbetrieb Potsdam GmbH (ViP)
Postfach 601454
14414 Potsdam
www.vip-potsdam.de

Streckennetz

Linienzahl	*8*
Linienlänge	*80,0 km*
Spurweite	*1435 mm*

Fahrzeuge

KT4D	*59*
Combinos	*16*

Betriebshöfe **2**

„Buga-Nordast" Bornstedter Feld – Viereckremise (Länge 1,5 km), erfolgte am 7. April 2001. Die Eröffnungsfahrt führte von der Viereckremise zum Hauptbahnhof, die Buga-Linie 90E verkehrte während der Veranstaltungszeit auf der gleichen Relation.

Am 2. September 2001 wurde dann der neue Straßenbahn- und Bus-Betriebshof Babelsberg offiziell seiner Bestimmung übergeben. Dieses Ereignis stand im Mittelpunkt eines großen Festes, veranstaltet von der am 6. Oktober 2000 gegründeten Stadtwerke Potsdam GmbH mit den Unternehmen Energieversorgung Potsdam GmbH (EVP), Stadtentsorgung Potsdam GmbH (STEP), Verkehrsbetrieb Potsdam GmbH (ViP) und Wasserbetrieb Potsdam GmbH. Der neue Betriebshof des ViP mit einer Grundstücksgröße von ca. neun Hektar, gelegen an der Fritz-Zubeil-Straße/Wetzlarer Straße, ist zugleich Sitz des Unternehmens.

Betriebs- und Hauptwerkstatt, Abstellhalle Tram sowie Stromversorgung und Werkstatt, Carport Bus und Tankanlage sind nun an einem Standort. Am Betriebshofeingang befindet sich das dreigeschossige Steuerungs-/Verwaltungsgebäude mit der integrierten RBL-Leitstelle. Mit dem neuen Standort ist auch die neue Betriebshofsteuerung für Bahn und Bus (Fahrstraßen) und das Betriebshof-Management (Fahrzeugdaten, Wartungsintervalle, Betankungen, Aufstell- und Auslaufpläne) in Betrieb gegangen. Dem Werkstätten-Gebäudekomplex mit Betriebswerkstatt (vier Gleise) und Hauptwerkstatt (vier Gleise) sind acht Aufstellgleise vorgelagert.

Der Höhepunkt des Stadtwerkefestes war für viele Straßenbahnfreunde die Präsentation des rekonstruierten KT4D-Prototypen 001 (Baujahr 1972).

Der eingleisige Streckenabschnitt des Potsdamer Netzes, nach der Haltestelle Luftschiffhafen Richtung Pirschheide, konnte nach der Erneuerung der Eisenbahnbrücke zweigleisig ausgebaut und seit 19. März 2001 so im Linienverkehr befahren werden.

Auch der Wagenpark erfährt weitere Modernisierungen. Die Ausrüstung der KT4DM-Triebwagen mit Choppersteuerung ermöglicht Energieeinsparungen. Es wurden bereits sechs Doppelzüge umgerüstet. Seit 1998 kommt bekanntlich in Potsdam der Combino zum Einsatz. Schrittweise erfolgt damit die Erneuerung des Wagenparks, 16 dieser NFGTW sind bereits im Einsatz. Einige der Fahrzeuge sind schon weit gereist und waren bei den Jubiläen in Amsterdam (Wagen 410) und München (413) dabei. Zur Namensweihe war Triebwagen 407 (Bäsli-Tram) in Berlin. ■

Die Neubaustrecke ins Bornstedter Feld brachte zahlreiche Besucher zur Bundesgartenschau
K. REICHENBACH

Schöneiche

Ereignisreich verlief das Jahr 2001 für diese Straßenbahn im Berliner Umland (Anschlusslinie zur S-Bahn): Am 29. Juni unterzeichneten die bisherigen Gesellschafter (Kreise Märkisch-Oderland und Oder-Spree, Gemeinden Schöneiche und Rüdersdorf) mit der Niederbarnimer Eisenbahn AG (NEB) einen Privatisierungsvertrag. Jetzt gehört die Schöneicher-Rüdersdorfer-Straßenbahn GmbH (SRS) zu 70 Prozent der NEB und zu je 15 Prozent den beiden namensgebenden Gemeinden. Gleichzeitig treten die vier früheren Gesellschafter als Besteller von Nahverkehrsleistungen auf und schlossen mit der SRS einen Verkehrsvertrag über zehn Jahre. Die NEB investiert bei der SRS und hält das Fahrtenangebot mindestens auf dem derzeitigen Niveau aufrecht. Damit ist der Fortbestand der SRS zumindest mittelfristig gesichert, aber wohl nicht alle 35 Arbeitsplätze. Die Tarifverhandlungen dauerten bei Redaktionsschluss noch an.

Mit längerfristigen Betriebsunterbrechungen und entsprechendem Pendelbetrieb auf dem nördlichen Abschnitt im Januar, April und Oktober wurde der erste Bauabschnitt der Ortsdurchfahrt Schöneiche ausgebaut. Im Oktober gab es Busersatzverkehr statt Pendelbetrieb, denn durch die gesicherte Zukunftsperspektive konnten weitere fünf Baumaßnahmen an Gleisen, Bahnsteigen und Fahrleitung gebündelt gleichzeitig durchgeführt werden; darunter auch der Abbau der Weiche zum ehemaligen Depot in Rüdersdorf. Insgesamt wurden in 2001 fast drei Millionen Mark verbaut; für diesen kleinen Betrieb eine respektable Summe. Der zweite Bauabschnitt der Ortsdurchfahrt verzögert sich, weil für den eigenen Bahnkörper bzw. die Straßenverlegung Grundstückseingriffe unumgänglich sind und dafür ein Planfeststellungsverfahren erforderlich ist. Fotografen werden in 2002 also das Gleis in urtümlicher Seitenlage noch ablichten können.

Der Wochenendverkehr mit 30-Minutentakt hat sich bewährt: bei einem Drittel weniger Aufwand (sonntags müssen Lohnzuschläge von 50 Prozent gezahlt

Die Schöneicher-Rüdersdorfer-Straßenbahn gehört jetzt zu 70 Prozent der Niederbarnimer Eisenbahn und fährt in eine sichere Zukunft
S. von Mach

Schöneicher-Rüdersdorfer Straßenbahn GmbH
Dorfstraße 15
15566 Schöneiche
www.tram88.de

Streckennetz	
Linienzahl	*1*
Linienlänge	*14,5 km*
Spurweite	*1000 mm*

Fahrzeuge:	
Triebwagen	*6*

Betriebshöfe	1

Strausberger Eisenbahn GmbH
Walkmühlenstraße 29
15344 Strausberg

Streckennetz

Linienzahl	*1*
Linienlänge	*6,2 km*
Spurweite	*1435 mm*

Fahrzeugpark

Triebwagen	*6*
Beiwagen	*2*

Betriebshöfe	**1**

Die großen KT8D5 der Strausberger Eisenbahn sind leider nicht immer gut genug gefüllt
D. May

werden!) sind die Fahrgastzahlen laut SRS nur wenig zurückgegangen.
Das Land Brandenburg fördert derzeit zwar den Kauf neuer Busse mit zahlreichen Sonderregelungen, bei Straßenbahnwagen wird der Zuschuss jedoch auf 1,5 Millionen Mark festgeschrieben. Wenn schon die Landeshauptstadt Potsdam die Beschaffung von Combinos massiv strecken muss, dann sieht die SRS keine Möglichkeit für Neufahrzeuge. Angestrebt wird zunächst der Kauf eines vierten GT6 (dann Nr. 44) aus Heidelberg (dort aber erst 2003 frei). Zusammen mit den drei modernisierten KT4D (18, 21, 22) würden dann genug Fahrzeuge bereitstehen. Die KT4D erhalten auch eine weitere Hauptuntersuchung. Zum Ende des Verkehrsvertrages müssten dann aber „neue" Gebrauchte beschafft werden. Verschrottet wurden in 2001 die Wagen 17 und 20 sowie der Heidelberger Ersatzteilspender 222. Wagen 79 und 80 stehen zur Verschrottung an (mangels Kaufinteressenten).
Der Förderverein „Tram 88 e.V." hat leider bisher nur wenig Erfolg mit der Beschaffung von Spendenmitteln für die betriebsfähige Aufarbeitung des historischen Vierachsertriebwagens 34 (mit Beiwagen 20). Beim erstmals durchgeführten „Fantag" am 12. Mai schickte die SRS zur Freude der Fans viele Arbeits- und Reservefahrzeuge auf die Strecke. Es waren per 1. November 2001 weiter vorhanden: zwei Gothaer ET57 (Nr. 77, 78) als Reservefahrzeuge, als historisches Fahrzeug der in eigener Werkstatt erstellte Vierachser 73 (Baujahr 1966), je ein Turmwagen und ein Hilfsgerätewagen aus dem Jahr 1914 und ein umgebauter Gerätewagen (Reko-Triebwagen) sowie eine Lore und ein kurzer Schneepfluganhänger. Nicht betriebsfähig: der Vierachserzug (34/20) von 1929 (bzw. 1925). ■

Strausberg

Dem Nahverkehrsplan des Kreises Märkisch-Oderland ging ein Bekenntnis zu den Umlandstraßenbahnen voraus, nachdem ein Gutachten ein positives Urteil über alle drei Linien (87, 88, 89) gesprochen hatte. Damit liegt nun auch für die Strausberger Eisenbahn GmbH (STE; Linie 89) ein Verkehrsvertrag vor, der über eine längere Laufzeit einen Zuschuss des Kreises festschreiben würde. Die Stadt Strausberg hat sich selbst verpflichtet, den übrigen Verlust der STE auszugleichen, was wegen der sehr angespannten Haushaltslage allerdings große Anstrengungen erfordern würde. Endgültig unterzeichnet wird der Vertrag aber erst in 2002, weshalb auch noch keine genaueren Angaben vorliegen.
Die STE hat die Belegschaft im Jahr 2001 von 26 auf 21 Mitarbeiter reduzieren müssen und (wie die beiden anderen

Umlandbahnen) die Preise ihres Haustarifs angehoben. Bei stabilen Einnahmen wäre damit die Fortexistenz der Bahn zunächst gesichert. Der Kreis hat sich allerdings vorbehalten, die Zuschüsse abzusenken, wenn die S-Bahnlinie nach Strausberg-Nord auf einen 20-Minuten-Takt verdichtet wird.
Die STE strebt weiterhin den Neubau eines kleinen Betriebshofes im Bereich Hegermühle oder eine Sanierung des alten, rekonstruktionsbedürftigen Depots an. Die Berufsgenossenschaft hat die Ausnahmegenehmigung für die zu schmalen Toreinfahrten zunächst noch einmal verlängert.
Am 1. Februar 2001 wurde eine neue Haltestelle „Am Stadtwald" in einem Neubaugebiet zwischen Hegermühle und Schlagmühle eingerichtet, die schon nach kurzer Zeit sehr gut von den Fahrgästen angenommen wurde.
Wegen des Unfalls eines der drei KT8D5 kam im August für mehrere Wochen ein Reko-Zug (in der Zugkombination Triebwagen-Beiwagen-Triebwagen) zum Einsatz. Während der Schwachlastzeiten verkehren weiterhin auch regelmäßig Reko-Wagen (drei waren Ende 2001 einsatzfähig). ■

Ein Betrieb mit Tradition - daran soll sich in Woltersdorf so schnell nichts ändern
S. von Mach

Woltersdorf

Für die Woltersdorfer Linie 87 wird sich auch nach Privatisierung der SRS zunächst nichts ändern. Die Fortführung der Verwaltungsgemeinschaft mit der SRS bis 2003 ist bereits beschlossen. Bei Gleiserneuerungen rund um den Betriebshof kam es Ende März auch zu der ungewöhnlichen Fahrt von Plankursen mit Spitzkehre durch das Depotgelände, und Mitte Juni wurde das Depot für drei Tage vom Netz abgehängt; die Wagen übernachteten auf der Strecke.
Die Gemeinde möchte auch weiterhin an dem Betrieb mit Traditionscharakter festhalten, daher wird sich voraussichtlich auch in 2002 nicht viel ändern. ■

Woltersdorfer Straßenbahn GmbH
Vogelsdorfer Straße 1
15569 Woltersdorf

Streckennetz	
Linienzahl	1
Linienlänge	5,6 km
Spurweite	1435 mm
Fahrzeuge	
Triebwagen	6
Beiwagen	4
Betriebshöfe	1

Seit dem 1. März steht am Hauptbahnhof Dessau eine zweigleisige Haltestelle zur Verfügung
K. REICHENBACH

Dessau

Für die erste Erweiterung des Streckennetzes in Dessau seit 1987 waren die Bauarbeiten am 5. Oktober 1998 aufgenommen worden. Am 5. November 2000 begannen dann zeitgleich der Linienverkehr auf dem ersten Neubaustrecken-Funktionsabschnitt Museumskreuzung – Kleine Schaftrift und die Bauarbeiten am zweiten Funktionsabschnitt im Bereich Sauerbruchstraße. Das Liniennetz konnte von zwei auf vier Linien erweitert werden und die Linienlänge erhöhte sich von 10,7 km auf 20,0 km.

Die Haltestelle Hauptbahnhof, nunmehr End-/Ausgangspunkt der Linien 1, 3 und 4, wurde zweigleisig ausgebaut. Die Nutzung begann am 1. März 2001. Und es wird weiter gebaut. Im ersten Halbjahr 2002 wird auch die Inbetriebnahme des zweiten Funktionsabschnittes der Neubaustrecke Dessau-West (Kleine Schaftrift bis Ellerbreite) erfolgen. Auch diese Strecke wird durchweg als besonderer Bahnkörper, eingedeckt bzw. offen, ausgeführt.

Zum Fahrzeugpark: Seit Juli 1997 befand sich der Reko-Triebwagen 41 im Technik-Museum „Hugo Junkers" Dessau als Freiluft-Exponat. Am 18. August 2001 kam nun das Fahrzeug auf den DVG-Betriebshof zurück und sieht einer Aufarbeitung entgegen.

Das dritte Fahrzeug mit einer Modernisierung in eigener Werkstatt (analog Triebwagen 001 und 003, jedoch ohne neue Bestuhlung) ist Triebwagen 012, seit Dezember 2001 steht er im Einsatz.

Eine umfassende Modernisierung erfährt der Wagenpark im Jahr 2002. Insgesamt zehn sechsachsige Niederflur-Gelenktriebwagen werden entsprechend dem im Juli 2000 unterzeichneten Vertrag mit dem Konsortium Bombardier/Adtranz/Rau-System an die Dessauer Verkehrs-GmbH (DVG) geliefert. Die Fahrzeugtechnik Dessau AG liefert als Subunternehmen die Komponenten Front- und Heckteile. ■

Dessauer Verkehrs GmbH
Erich-Köckert-Str. 48
06842 Dessau
www.dvv-dessau.de

Streckennetz:

Linienzahl	*4*
Linienlänge	*20 km*
Spurweite	*1435 mm*

Fahrzeuge

Triebwagen:	*10*

Betriebshöfe: 1

Werden die Halberstädter GT4 noch einmal die Kurve kriegen?
S. VOCKRODT

Halberstadt

Nach wie vor unsicher ist der Bestand der Halberstädter Straßenbahn. Während der Betrieb im ersten Halbjahr 2001 einen überproportionalen Fahrgastzuwachs von sechs Prozent verzeichnen konnte (die Beförderungsleistung hatte im Jahr 2000 bei 2,7 Mio. Fahrgästen gelegen), ist auch im Jahre 2001 keine Grundsatzentscheidung über den Erhalt oder die Stilllegung des neben Nordhausen und Ulm kleinsten Stadt-Betriebes Deutschlands gefallen. Fakten geschaffen wurden jedoch bei der Linie 3: Seit dem 5. August pendelt diese nur noch samstags und sonntags zwischen Klus-Schleife und Sargstedter Weg im Stundentakt, die Woche über fährt sie gar nicht mehr.
Sprechen die Fakten – Fahrgastzuwachs und Defizitabbau – für den Erhalt, so scheinen einige lokale Politiker weiterhin von einem tramfreien Halberstadt zu träumen. So fiel eine für September vorgesehene Präsentation eines Nordhäuser „Bambino" (kurzer Combino) aus; nun hat sich der im letzten Jahr gegründete Freundeskreis der Halberstädter Straßenbahn vorgenommen, in 2002 ein modernes Fahrzeug in der Domstadt zu präsentieren. ■

Halberstädter Verkehrsgesellschaft (HVG)
Gröperstraße 83
38820 Halberstadt

Streckennetz:

Spurweite	*1000 mm*
Linienzahl	*2 (+1 Sa+So)*
Linienlänge (Sa+So)	*12 km*

Fahrzeuge:

GT4-Triebwagen	*14*
Reko-Triebwagen	*1*

Betriebshöfe: 1

Halle an der Saale

Wichtigstes Ereignis im Jahr 2001 war der Start des Mitteldeutschen Verkehrsverbundes (MDV) am 1.August, der die Städte Halle/Saale und Leipzig sowie die Landkreise Merseburg-Querfurt, Saalkreis, Delitzsch und Leipziger Land umfasst. Seitdem kann man mit ein und demselben Fahrschein die Fahrzeuge der Halleschen Verkehrs-AG sowie elf anderer Verkehrsunternehmen dieser Region, z.B. der DB, der Leipziger Verkehrsbetriebe und die Burgenlandbahn, benützen. Doch das war nicht der einzige Schritt in die Zukunft: Die restlichen fünf von zehn im Jahr 2000 bestellten MGT6-D Niederflur-Zweirichtungswagen trafen ein. Außerdem plant die HAVAG die Anschaffung von 30 Niederflurstraßenbahnen der Serie LF 2000 zum Vertragswert von 46 Millionen Euro. Diese Züge sollen zwischen Ende 2003 und Ende 2005 geliefert werden. Das Zweirichtungsfahrzeug soll voraussichtlich 20,5 m in der Länge und 2,3 in der Breite messen, 65 Sitz- und 52 Stehplätze bieten und sich selbstverständlich für den Doppeltraktionsbetrieb eignen. Damit wäre eine ideale Lösung für Halle gefunden, da man eine größere Anzahl an kleineren Fahrzeugen für einen effizienten Einsatz mit höherer Taktzahl will. Insgesamt erstreben die Verantwortlichen an der Saale bis zum Jahr 2015 einen reinen Niederflurfahrzeugpark. Die Situation am Ende des Jahres 2001 ergibt folgendes Bild an Triebwagen: 46 Stück T4D (nicht modernisiert), 82 T4D-C (modernisiert), 32 GT4 (modernisiert), 62 MGT 6-D. Dazu kommen 16 nicht modernisierte Beiwagen vom Typ B4D und 41 modernisierte vom Typ B4D-C. So bietet das Stadtbild von Halle einen lebendigen Auszug aus der Trambahntypengeschichte von DDR und alter sowie neuer BRD.

Hallesche Verkehrs-AG (HAVAG)
Freiimfelder Straße 74
06112 Halle (Saale)
www.havag.com

Streckennetz:

Linien	*13 Tagesverkehr*
	1 Schülerverkehr
	5 Spätverkehr
Linienlänge	*223,5 km*
Streckenlänge	*81,7 km*
Spurweite	*1000 mm*

Fahrzeuge:

Triebwagen	*222*
Beiwagen	*57*

Betriebshöfe: 4

Das Liniennetz erfuhr Ende vorletzten Jahres, am 2. Dezember 2000, eine einschneidende Änderung. Der Trambahnbetrieb über die markante Berliner Brücke musste aus Sicherheitsgründen eingestellt werden, da die Gefahr besteht, dass sich die Fahrbahn durch die Belastung absenkt. Die Linie 7 fährt deshalb ab Steintor über Riebeckplatz/Hauptbahnhof und Freiimfelder Straße zur östlichen Seite der Berliner Brücke. Die 9er endet an deren westlicher Seite an der Haltestelle Steintorbrücke, wo man mittels einer Weiche eine provisorische Rangierendstelle eingebaut hat, die nur von den Zweirichtungswagen MGT6-D benützt werden kann. Die Linie 12 fährt aus Trotha kommend ab Steintor über Riebeckplatz/Hbf nach Büschdorf. Sanierungen der Gleisanlagen und Straßenbauarbeiten bedingten 2001 zeitweilige Einschränkungen und Umleitungen im Trambahnverkehr: Seit Mitte Mai bestand in der Merseburger Straße streckenweise nur eingleisiger Betrieb, die Kröllwitzer Straße (Linie 7) war sogar vom 17. April bis 16. November für den gesamten Betrieb gesperrt. Auch die Haltestelle Merseburg Zentrum wurde erneuert. Seit dem Fahrplanwechsel am 5. August 2001 fährt die Linie 4 von Reileck über Steintor zum Markt und von dort wie bisher nach Ammendorf; die 10er wurde von Reileck bis Trotha verlängert.

Schließlich ist noch auf zwei Sonderangebote hinzuweisen: Von 18. September bis 27. November brachte die „Maya-Mare-Bahn« Kinder und Jugendliche jeden Dienstag von der Eselsmühle kostenlos nach Beesen ins Maya-Mare-Spaßbad. Und allen über 21, die einen gültigen PKW-Führerschein besitzen, bietet die HAVAG an, für 50 Euro in einem halbstündigen Kurs auf Fahrschulwagen 985 ein Tramdiplom zu erwerben. Näheres dazu erfährt man unter Telefonnummer 0345/58 15 559 und auf den ausführlichen Internetseiten der HAVAG.

Insgesamt sind die Rahmenbedingungen für die HAVAG alles andere als günstig. Zur sinkenden Einwohnerzahl kommt ein Wanderungsprozess innerhalb der Stadt, wo viele den Großwohnsiedlungen wie Neustadt, Silberhöhe und Heide-Nord den Rücken kehren. Zuwachs erzielen dagegen die Stadtbezirke Mitte und die neu entstehenden Siedlungen Heide-Süd und in Büschdorf. Das bedeutet eine Umorientierung der Verkehrsbedürfnisse und damit eine angemessene Reaktion der Verkehrsbetriebe. Immerhin ist es der HAVAG gelungen, trotz 2,7 Prozent weniger Einwohnern die Anzahl der beförderten Fahrgäste nahezu stabil zu halten und den Kostendeckungsgrad trotz leicht rückläufiger Einnahmen im Jahr 2000 (60,7 Millionen DM) bei 51,6 Prozent zu halten. ■

Bild linke Seite:
in Tatra-Großzug nähert sich im Zentrum der Saale-Stadt der Station Hallmarkt
P. SCHRICKER

Unten:
Steigen Sie in den MGT6 ein, in Halle kann man mit der Tram in eine „Frohe Zukunft" fahren!
P. SCHRICKER

Magdeburg

Das Jahr 2001 war für die Magdeburger Verkehrsbetriebe GmbH recht erfolgreich. Die Verkehrsleistungen wurden gegenüber dem Vorjahr leicht gesteigert. Auch die Fahrgastzahlen bei Bussen und Bahnen steigen seit 1996 kontinuierlich an (rechnet man die 99er Spitze durch die Bundesgartenschau heraus), und das bei ständig sinkender Einwohnerzahl. Die 58 Millionen Fahrgäste von 2000 wurden zum Ende des Jahres 2001 deutlich übertroffen.

Herausragendes Ereignis war zweifellos die Inbetriebnahme des neuen Betriebshofes in Westerhüsen. Mit Betriebsbeginn am 1. Juli 2001 wurde eine der größten Investitionen – 53 Millionen Mark – der MVB der letzten zehn Jahre praktisch vollendet. Die moderne Anlage an der Chaussee nach Schönebeck nimmt eine Fläche von 34.000 m^2 ein. Zum Wenden brauchen die Züge der SL 2 nicht mehr über das Betriebshof-Gelände zu fahren, sondern nutzen eine neue Wendeschleife direkt vor dem Depot.

Durch das neue Depot wurde das in Stadtfeld entbehrlich. Am Morgen des 30. Juni 2001 rückten letztmals Züge aus dem 117 Jahre alten Betriebshof aus, danach wurden noch ausgesonderte Tatrawagen dort abgestellt.

Eine wesentliche Verbesserung im Verkehrsablauf brachte auch die neue Endschleife in Diesdorf. Die Wendeschleife in der Ummendorfer Straße und die sanierte Kreuzung Hannoversche/Große Diesdorfer Straße wurden am 22. Juni 2001 offiziell eingeweiht, nachdem die Bahnen bereits seit dem 15. Oktober 2000 provisorisch die Schleife nutzten. 8,1 Millionen Mark hatten MVB und Tiefbauamt mit Unterstützung vom Land investiert.

Im Fahrzeugpark gab es im Jahr 2001 keine wesentlichen Veränderungen.

Magdeburger Verkehrsbetriebe AG (MVB)
Otto-von-Guericke-Straße 25
39104 Magdeburg
www.mvbnet.de

Streckennetz:

Streckenlänge	*59,6 km*
Linienzahl	*9 (Tag)*
Linienlänge	*95,6 km*
Spurweite	*1435 mm*

Fahrzeuge:

Tatra-Triebwagen	*75*
Tatra-Beiwagen	*28*
Niederflurtw	*53*

Auch im Jahr 2001 konnten sich die MVB weiter steigender Fahrgastzahlen erfreuen W. Klee

Bild Seite 33: Der M8C 526 trägt nicht nur das neue „moBiel"-Logo, sondern auch das neue Farbschema

Nachdem Anfang des Jahres 2001 mit Triebwagen 1353 der letzte NGT8D der vorjährigen Lieferserie in Betrieb ging (53 dieser Niederflurbahnen sind damit insgesamt vorhanden), wurden weitere nicht modernisierte T4D und B4D abgestellt. Im November und Dezember 2001 wurden 20 T4D und vier B4D nach Oradea in Rumänien verschickt. Auch Königsberg meldete Bedarf an 25 gebrauchten Magdeburgern an. Ein Dutzend nicht modernisierte Trieb- und acht Beiwagen waren Ende 2001 noch vorhanden, im Einsatzbestand waren 64 modernisierte T4D mit 22 Beiwagen sowie 11 T6A2 mit sechs Beiwagen.

Neuzuführungen an NGT8D soll es wieder ab April 2002 geben, 19 Wagen werden bis Ende 2002 hinzukommen. 75 Prozent der jeweils 1,78 Mio. Euro teuren Fahrzeuge werden vom Land Sachsen-Anhalt über GVFG-Mittel finanziert, den Rest bringen die MVB über Kredite auf.

Im Europaring begannen am 12. Februar 2001 zwischen Goethe- und Harsdorfer Straße die ersten Erdarbeiten zur Westringverlängerung in Richtung Norden zum Anschluss an die Olvenstedter Chaussee im Zuge der zweiten Nord-Süd-Verbindung. Auch eine Lärmschutzwand wurde bereits gesetzt. Nach dem Abschluss des Planfeststellungsverfahrens soll im Frühjahr 2002 mit dem Brückenbau über die Schrote begonnen werden. Danach können Gleis- und Fahrleitungsbau folgen.

Auch die Arbeiten zur Gleisverlegung von der Walter-Rathenau- in die Listemannstraße und zur Umgestaltung des Uniplatzes sollen im Frühjahr 2002 beginnen und bis 2003 andauern. 2002 soll auch das neue Gleisdreieck am Uniplatz und nach Möglichkeit auch das Gleisdreieck Walter-Rathenau-/G.-Adolf-Straße zumindest begonnen werden. Zur Zeit liegt noch das Planfeststellungsverfahren für die Gesamtmaßnahme zur Bestätigung beim Regierungspräsidium.

Ende September 2001 wurde mit den Arbeiten für die neue Endschleife Alte Neustadt begonnen. Im Sommer 2002 sollen diese Arbeiten, zu denen auch Gleisarbeiten in der Stendaler Straße gehören, abgeschlossen sein.

Im November 2001 begannen Gleisbauarbeiten in der Brückstraße, wo noch Großverbundplatten liegen. Zwischen Turmschanzenstraße und Zuckerbusch werden Straße und Gleisanlagen komplett erneuert. Die Arbeiten sollen im dritten Quartal 2002 beendet sein. ■

Bielefeld

Seit dem 31. März 2001 fahren Busse und Bahnen der Stadtwerke Bielefeld Verkehrsbetriebe unter einem neuen Namen: „moBiel“. Ein entsprechendes Signet tragen inzwischen alle Fahrzeuge. Nach und nach werden zudem auch die älteren Stadtbahnwagen vom Typ M8C (44 sind vorhanden) ihr traditionelles, von der Farbe Orange dominiertes Äußeres verlieren und dem schon von den M8D (36 Fahrzeuge) und MB4 (5) bekannten neuen Farbschema angepasst: Grundfarbe Lichtgrau (Weiß) mit Blau und etwas Orange. Neubeschaffungen von Fahrzeugen gab es 2001 nicht und sind auch für 2002 nicht geplant.

Herausragende Neuerung des Jahres 2001 für die Bielefelder Stadtbahn war die Inbetriebnahme der neuen Haltestelle Universität. Sie löste am 2. September jene Übergangslösung ab, welche mit der Stadtbahnlinie 4 am 2. April 2000 eröffnet worden war und am 31. August 2001 von Netz genommen und anschließend abgebaut wurde. Offizielle Eröffnungsfeier der neuen Haltestelle war am 27. Oktober 2001. Die gleichzeitig vorgenommene Fahrplanumstellung betraf die Stadtbahn ansonsten kaum, brachte aber einige Veränderungen im Busbereich.

Der 75 m lange Mittel-Hochbahnsteig – geeignet für Langzüge aus zwei M8D mit zwischengefügtem Beiwagen – der neuen Haltestelle Universität ist über Treppen, Fahrtreppen und Aufzuganlage mit einer Brückenkonstruktion verbunden, welche über die benachbarten Parkhäuser und die südliche Universitätsstraße hinweg auf den Vorplatz zum Uni-Haupteingang führt. Die ursprünglich vorgesehene Platzierung der Haltestelle in dieser Straße musste nach Einsprüchen der Fachbereiche Chemie und Physik zugunsten der dann gewählten Lage jenseits der Uni-Parkhäuser aufgegeben werden, weil die Wissenschaftler eine elektromagnetische Beeinflussung ihrer Instrumente befürchteten. Aus eben jenem Grund liegen Haltestelle und Strecke im Uni-Bereich auf speziellen, hoch isolierenden Schienenlagern, für die Fahrstromversorgung mussten Kompensationsleitungen gelegt werden Mit der neuen Haltestelle wurden auch etwa 900 m Neubaustrecke der Linie 4 eröffnet, im Herbst 2002 soll die Linie 4 dann um weitere rund 1,8 km Strecke (darin die neue Haltestelle Wellensiek) bis zur künftigen Endhaltestelle Lohmannshof verlängert werden. Dort wird eine Endschleife mit einem zusätzlichen Aufstellgleis gebaut.

moBiel
Schildescher Straße 16
33611 Bielefeld
www.mobiel.de

Streckennetz:	
Linienzahl	4
Linienlänge	35 km
Spurweite	1000 mm
Fahrzeuge:	
Triebwagen	80
Mittelwagen	5
Betriebshöfe:	1

Bochum-Gelsenkirchener Straßenbahnen AG
Universitätsstraße 58
44789 Bochum
www.bogestra.de

Streckennetz:
Linienzahl
7 Straßenbahn,
1 Stadtbahn
Linienlänge 100,6 km
Spurweite 1000 mm/ 1435 mm

Fahrzeuge:
Straßenbahn-Tw 93
Stadtbahn-Tw 25

Betriebshöfe 3

Für den weiteren Ausbau des Bielefelder Stadtbahnnetzes zeichneten sich Ende 2001 folgende Perspektiven ab: Die Linie 2 soll in den nächsten zwei bis drei Jahren im Ortsteil Milse um ca. 900 m weiter in Richtung Ortsmitte verlängert werden, die derzeitige Endschleife kann dann entfallen (hier gibt es Platz für zusätzliche P&R-Plätze). Die Verlängerung des Südastes der Linie 2 über Sieker hinaus zu den Kasernen an der Detmolder Straße ist dagegen vom Tisch. Heftig diskutiert wird hingegen um die Verlängerung der Linie 3 in beide Richtungen. Dabei ist die Weiterführung in Norden nach Theesen auf dem Papier am weitesten. Die neue Strecke wird allgemein befürwortet, die Führung ist relativ klar, allein es fehlt angesichts leerer Stadtkassen der definitive Beschluss zum Baubeginn. ■

Die neue Haltestelle Universität Bielefeld mit M8C-Wagen an einem Sonntag. Die Woche über fahren hier M8D/MB4/M8D-Langzüge W. Klee

Bochum-Gelsenkirchen

Als die Chefs der Bochum-Gelsenkirchener Straßenbahnen Aktiengesellschaft (Bogestra) am 6. Juli 2001 zur Pressekonferenz einluden, konnten Sie der Öffentlichkeit das beste Ergebnis seit zehn Jahren präsentieren. Die Fahrgastzahlen waren gegenüber dem Vorjahr um 3,7 Prozent auf 108,2 Mio. gestiegen (in den letzten zehn Jahren ist damit die Fahrgastzahl um insgesamt 23,4 Prozent gewachsen), die Verkehrserträge gar um 7,3 Prozent auf 144,4 Mio. Mark. Auch im Jahr 2001 setzte sich der erfreuliche Trend zu mehr Fahrgästen und mehr Einnahmen fort.

Als wesentlichen Faktor für die erhöhte Nachfrage hat die Bogestra das Ticket 2000 ausgemacht. Dem selbst gesteckten Ziel von 1996, bis Ende 2001 die Zahl der verkauften Abos zu verdoppelt, ist man dabei sehr nahe gekommen.

Beim Verkehrsangebot auf der Schiene gab es für die Kunden der Bogestra keine größeren Veränderungen. Die Arbeiten an den Innenstadt-Tunnels laufen weiter, Eröffnungen stehen hier aber kaum vor 2005 an; auch bei den anderen geplanten Verlängerungen bzw. Neutrassierungen (etwa Dahlhausen und Langendreer) wird es 2002 noch keine Eröffnungen geben.

Ein elementarer Baustein im Investitionsprogramm der Bogestra ist die Umsetzung des neuen Straßenbahnwerkstätten-Konzeptes. Dies sieht vor, die Aufgaben der derzeit drei Straßenbahnbetriebshöfe auf zwei Standorten neu zusammenzufassen: in Gelsenkirchen, wo auf dem Gelände des abgerissenen Straßenbahnbetriebshofs Hauptstraße ein neuer für die 34 Niederflurbahnen entsteht (Grundsteinlegung war am 16. August 2001), sowie in Bochum an einem völlig neuen Standort für die anderen Stadtbahnfahrzeuge, nämlich

auf dem Gelände der ehemaligen Zeche „Engelsburg"; hier begannen die vorbereitenden Arbeiten im Januar 2002.
Der Zeitplan sieht folgendermaßen aus: Für das Frühjahr 2003 rechnet man mit der Inbetriebnahme des Neu- und Umbaus in Gelsenkirchen, gleich anschließend soll auf dem Engelsburg-Gelände – es liegt neben der Essener Straße, über welche die Straßenbahnlinie 310 führt – mit den eigentlichen Bauarbeiten begonnen werden, 2006 soll dann dieser völlig neue Standort die Aufgaben der älteren Bochum-Universitätsstraße (an der Bogestra-Hauptverwaltung) und Bochum-Gerthe übernehmen; Gerthe ist heute für die großen Reparaturarbeiten an allen Bogestra-Straßenbahnen zuständig.
Neben 42 Niederflurwagen (NF6D) und 51 M-Wagen (jeweils meterspurig) verfügt die Bogestra über 25 Stadtbahnwagen B80D, die auf der U35 eingesetzt werden. Für diese Normalspurfahrzeuge ist und bleibt der Betriebshof Bochum-Riemke zuständig. ■

Bonn

Das Jahr 2001 begann mit einem Paukenschlag: Der geplanten Fusion zwischen KVB und SWB/SSB; Doch die schien Ende 2001 schon wieder vom Tisch zu sein. Auch die Hardtbergbahn kommt im zweiten Jahrzehnt ihrer Planung nicht in die Gänge. Verbesserungen gab es an einigen Haltestellen und am Oberbau, außerdem bestellte Bonn 15 Stadtbahnwagen. Die geplante Fusion zwischen den Kölner Verkehrsbetrieben (KVB) und den Bonner Stadtwerken GmbH (SWB) hätte richtungsweisend sein können. Die von Bonn ausgehende Idee wollte der Freigabe des Wettbewerbes im Jahr 2002 durch die Schaffung einer starken Organisation begegnen. Bei den Arbeitnehmern stieß die Idee – die Arbeitnehmervertreter wurden von den Fusionsideen überrascht – verständlicherweise auf Misstrauen. Die „Synergieeffekte", neuhochdeutsch für den Abbau von Arbeitsplätzen, wollten die fusionierten Betrie-

Der Betriebshof an der Bogestra-Hauptverwaltung gehört in wenigen Jahren der Vergangenheit an
W. Klee

Stadtwerke Bonn
Verkehrbetriebe (SWB)
Theaterstraße 24
53111 Bonn
www.swb.bonn.de

Streckennetz:

Linien	*6*
Linienlänge	*121 km*
Spurweite	*1435 mm*

Fahrzeuge:

Stadtbahnwagen B	*75*
Niederflurwagen	*24*

Betriebshöfe: 2

ben durch den natürlichen Abgang der Beschäftigten sozial verträglich meistern. Einigkeit bestand über einen neuen Tarifvertrag. So hätte der zwischen den Gewerkschaften ÖTV und DAG und den Arbeitgebern abgeschlossene Spartentarifvertrag finanzielle Einbußen gebracht, dafür aber die bestehenden Arbeitsplätze bis zum Jahr 2009 gesichert. Problematisch war von Anfang an die Einbindung der verschiedenen Busgesellschaften. Größere Anteile an ihnen besitzen auch die umliegenden kleineren Städte und Gemeinden der Region – und die befürchten wiederum eine Dominanz durch die Großstädte Köln und Bonn.

Im Oktober platzte die Fusion in ihrer geplanten Form. Laut Lokalpresse stellten Kölner und Bonner Politiker fest, dass sich ihre Netze kaum berühren. In der Tat betreiben KVB und SWB nur zwei gemeinsame Stadtbahnlinien. Ihre Omnibusse treffen sich lediglich am Flughafen Köln-Bonn. Selbst die Planungsgesellschaft, welche ein günstiges Gutachten vorgelegt hatte, sah sich – wegen der räumlichen Trennung – plötzlich vor ganz andere Voraussetzungen gestellt.

Der Bonner „General Anzeiger" sieht noch andere Gründe für das Scheitern: Die Bonner Betriebe besitzen lediglich ein Drittel an Fahrzeugen, Beschäftigten, und Fahrgästen. Angesichts einer Vorherrschaft durch die angeblich SPD-dominierte KVB bekamen die Bonner Unionschristen kalte Füße. Die haben nun auch die Mitarbeiter der betroffenen Verkehrsbetriebe. Denn die Frage der zukünftigen Wettbewerbsfähigkeit bleibt weiter offen.

Seit zwanzig Jahren sind für die geplante Hardtbergbahn keine Fortschritte in Sicht. Die einstige Bundeshauptstadt expandierte in alle Himmelsrichtungen. Die Stadtteile im Norden, Osten und Süden erschließen Stadt- bzw. Straßenbahnen. Lediglich im Bonner Westen müssen sich die Bürger mit Bussen begnügen. Die benötigen in der Hauptverkehrszeit 40 Minuten bis zur City; eine Stadtbahn würde die Fahrzeit auf 15 Minuten reduzieren.

Die Probleme beginnen schon am Ausgangspunkt der geplanten Hardtbergbahn, dem Bonner Hauptbahnhof. Unterirdisch kreuzen sich hier verschiedene Strecken. Um auch die neue Strecke unterirdisch einzuführen, plant die Stadt gleichzeitig eine Tieferlegung der letzten beiden oberirdischen Straßenbahnen (Linie 61, 62). Eine Vergrößerung des berüchtigten „Bonner Loches" sorgt aber für Ängste der Benutzer. Doch vor dem Hauptbahnhof zwängen sich beide Linien, außerdem der Bus- und Individualverkehr durch eine zweispurige Straße. Auch hinter dem Hauptbahnhof ist nur wenig Platz für die Hardtbergbahn. So schlägt die Bonner SPD eine bergmännische Tunnelführung unter diesem Engpass vor. Diese Idee bezeichnet die Bürgeraktion Umweltschutz Bonn als kostenmäßigen Todesstoß für die geplante Linie. Das angeführte Problem ist eines von vielen. Bisher fehlt eine politische Kraft, die bereit ist, den gordischen Knoten zu durchschlagen.

Direkt am Bonner Rheinufer entsteht das bisher höchste Gebäude der Stadt, der sogenannte Post-Tower der Deutschen Telekom. Hier fährt jetzt die Linie 66 als „Telekom-Express". Zur Zeit sind etwa ein Drittel der eingesetzten Stadtbahnwagen vom Typ B als rollende Werbeträger umgestaltet. Neben den B-Wagen in der Firmenfarbe Magenta verkehren auch Fahrzeuge, die Tarife und Produkte der Telekom bewerben. So pendeln die Wagen 7754/7756 als „längste Telefonzelle der Welt" zwischen Bonn und Siegburg. Im Gegensatz zu anderen Städten ist in den Bonner Bahnen das Handy-Gebimmel nicht verboten. Auch auf den Tunnelstrecken wurden die Vorausset-

zungen für den schnurlosen Empfang geschaffen.
Das Gezänk um die DB-Neubaustrecke Köln – Rhein/Main, welche die „Bundesstadt“ Bonn meidet, ist vergessen, auch die Probleme der Namensgebung sind ad acta gelegt. Die Station an der Neubaustrecke heißt nun Siegburg/Bonn. Wenig Fortschritte gibt es vom Bau der DB-Station zu vermelden. Eine Pleiten- und Pannenserie verhinderte den Bau des Empfangsgebäudes, bis die Stadt Siegburg finanziell in Baulücke sprang. Auf dem Gelände des ehemaligen Busbahnhofes, gleichzeitig oberirdischer Endpunkt der Linie 66, ist längst ein Kinopalast im Betrieb. Die flimmernde Betonschachtel auf Stelzen dient im unteren Teil als Busbahnhof. Ganz unten enden seit dem 16. Oktober 2001, mittlerweile zweigleisig, die Züge der Linie 66 „Telekom-Express“. Allerdings müssen die Fahrgäste noch längere Zeit mit der unterirdischen Baustelle leben.
Auf der Graurheindorfer Straße ist die Gleiserneuerung seit Mai abgeschlossen. Zwei neue Haltestellen, Finanzministerium und Innenministerium, sind außerdem auf Niederflurbetrieb umgebaut. Von der Haltestelle Innenministerium führten einst Gleise in das unter Denkmalsschutz stehende Depot Graurheindorf. Das Jugendstilgebäude erbauten die Bonner Bahnen in den Jahren 1906-07. Mittlerweile hat eine Tochter der Deutschen Telekom das Gebäude aufwändig saniert. In ihm erinnern Gleise an die einstige Funktion der Wagenhalle, die nun als Mehrzweckhalle, z.B. für Ausstellungen, genutzt wird. Die einstige Gleislage wurde auf dem asphaltiertem und zum Parkplatz umfunktionierten Gleisvorfeld, durch Basaltsteine anschaulich nachvollzogen.
Immerhin, Bonn bekommt neue Hochflur-Stadtbahnen. Bombardier erhielt einen Auftrag über 15 Stadtbahnwagen vom Typ K 5000, den auch die benachbarten Kölner Verkehrsbetriebe orderten. Die Wagen sollen bis zum Herbst 2003 ausgeliefert sein.
Die Linien 16 und 18 betreiben die Stadtwerke Bonn Verkehrsbetriebe (SWB) gemeinsam mit den Kölner Verkehrsbetrieben (KVB), die Linien 66 und 63 mit den Elektrischen Bahnen der Stadt Bonn und des Rhein-Sieg-Kreises (SSB). Die Datenübersicht auf Seite 33 listet SWB und SSB zusammen auf. ■

Stadtbahn-Haltestelle Ollenhauerstraße in Bonn mit Telekom-Liniensponsoring. Im Hintergrund der Post-Tower W. Clössner

Bild links: Die Straßenbahnzeit in Hombruch ist beendet, im Juni 2002 soll das Stadtbahn-Zeitalter beginnen T. LUX
Bild oben rechts: Der Umbau der Straßenbahn zur Stadtbahn geht in Dortmund mit großen Schritten voran Endstelle Aplerbeck) W. KLEE

Dortmunder Stadtwerke
Deggingstraße 40
44141 Dortmund
www.dsw.de

Streckennetz:

Linien	*9*
*Linienlänge**	*103,5*
Spurweite	*1435 mm*

** ohne Strecke nach Hombruch*

Fahrzeuge

Triebwagen	*116*

Betriebshöfe: 1

Dortmund

Seit dem Frühjahr 2001 ist Dortmund um zwei einst das Stadtbild prägende Dinge ärmer: Am 28. April ließ in Westfalens größter Stadt mit der Westfalenhütte der letzte Stahlproduzent seine Öfen für immer erkalten, zwei Tage später fuhr mit Wagen 13 letztmals ein GT8 in Plandienst, natürlich auf der letzten Stammstrecke dieses Typs: Dorstfeld – Westfalenhütte (Linie 404). Von den einst in Dortmund allgegenwärtigen GT8 waren schon Anfang 2001 nur noch die Wagen 5, 12 und 13 einsatzfähig gewesen, letzterer soll museal erhalten werden, wofür sich der Historische Verein der Stadtwerke einsetzt.

Mit dem Ende der traditionsreichen Hoesch-Westfalenhütte zeichnet sich für die bislang vor deren Toren endende Linie 404 eine neue Zukunft ab, das Industrieareal soll städtebaulich neu genutzt und unter anderem durch eine Verlängerung der Linie 404 erschlossen werden.

Zu Ende gegangen ist das Straßenbahn-Zeitalter in Hombruch. Am 11. März 2001 fuhr die Linie 408 hier zum letzten Mal, zum Fahrplanwechsel am 16. Juni 2002 soll sie jedoch als moderne Stadtbahn (Linie U 42 Grevel – Städtische Kliniken – Hombruch, bedient mit B80-Stadtbahnwagen in Doppeltraktion) wiederkehren; bis dahin wird die Strecke auf rundum erneuerter, teils auch begradigter bzw. optimierter Trassenführung stadtbahngerecht neu aufgebaut. Die Linie 408 (sie verschwindet mit Inbetriebnahme der U 42 ganz, auf ihrem östlichen Teilstück wird dafür die 403 häufiger fahren) endet bis zur Inbetriebnahme der U 42 an der provisorischen Endstelle Harkortstraße, die U42 wird mit Eröffnung der neuen Strecke im Citybereich dann den schon länger fertig gestellten, aber im Süden noch nicht genutzten Tunnel III befahren und dort an die schon vorhandene U 42 Städtische Kliniken – Brunnenstraße anschließen. Bei der Eröffnung der U 42 werden noch nicht alle Arbeiten abgeschlossen sein, vor allem im Bereich der Haltestelle Barop Parkhaus, wo unter anderem eine neue Anbindung an die S-Bahn Dortmund – Witten entsteht, werden sie sich wohl noch bis 2004 hinziehen.

Nach Fertigstellung der neu ausgebauten und dafür monatelang nicht befahrenen Strecke Dortmund-Brechten – Lünen-Brambauer (U 49; mit Umbau auch der während des Baus weiter be-

dienten Strecke zwischen Grävingholz und Brechten; Eröffnung nach Brambauer war am 6. Januar 2002) und der Strecke (Brunnenstraße –) Städtische Kliniken – Hombruch (U 42) rechnen die Dortmunder Stadtwerke auch hier mit spürbaren Fahrgastzuwächsen, denn überall dort, wo die Stadtbahn eine schnelle und bequeme Alternative zum Pkw bietet, sind die Fahrgastzahlen bislang deutlich nach oben gegangen. Da man schon für das Geschäftsjahr 2000 in dieser Hinsicht ein Plus von rund 1,7 Prozent verbuchen konnte (insgesamt fuhren im Jahr 2000 rund 105 Mio. Menschen mit einem DSW-Ticket), benötigen die Stadtwerke weitere Fahrzeuge (für den Liniendienst standen Ende 2001 64 B-Wagen und 52 N8 zur Verfügung). Der zunächst ins Auge gefasste Kauf von sechs weiteren B-Wagen wurde aber angesichts der geforderten Preise fallen gelassen (dieser Fahrzeugtyp gehört nicht mehr zum üblichen Angebot der Industrie); Ende 2001 sah es so aus, dass die DSW unter Mithilfe von E-Technik- und Fahrzeugbau-Firmen den Bau der Wagen selbst übernehmen werden.
Der oben erwähnte Fahrgastzuwachs ist übrigens der stärkste seit 1993 und wird auch deshalb als besonders erfreulich gewertet, weil die Einwohnerzahl Dortmunds weiter leicht gesunken ist (auf 585.000 im Jahr 2000). Auch die H-Bahn, die ursprünglich darauf ausgerichtet war, eine schnelle Verbindung zwischen den verschiedenen Standorten der Dortmunder Universität zu schaffen, entwickelt sich gut und ist mittlerweile auch ein wichtiges Bindeglied zwischen öffentlichen Verkehrssystemen geworden. Bei den DSW bzw. deren Tochter H-Bahn-Gesellschaft laufen deshalb bereits die Arbeiten am Neubau einer 1,2 km langen Strecke von der Universität zum Technologiezentrum; der erste Spatenstich war am 20. November 2001. ■

Düsseldorf

Ab Jahreswechsel 2000/2001 erschienen endlich die ersten Triebwagen der neuen Baureihe NF10 im Plandienst. Es handelt sich dabei um ein speziell auf Düsseldorfer Wünsche zugeschnittenes Modell der Combino-Familie. Nach einer längeren Testphase sind die bis Dezember 2001 gelieferten 16 siebenteiligen Fahrzeuge inzwischen auf fast allen Straßenbahnlinien anzutreffen. Wenn die Lieferung der bestellten Wagen abgeschlossen ist, werden 18 weitere, mit einer Länge von rund 30 m etwas kürzere Wagen des Typs NF8 geliefert werden, für die die Rheinbahn die entsprechende Option eingelöst hat. Dann wird die Mehrzahl der alten GT6 und GT8-Triebwagen samt Beiwagen aus dem Dienst verschwinden. Die NF10 und wohl auch die NF8 werden komplett in den neuen Hausfarben der Rheinbahn Silbergrau/Rot geliefert werden. Nach den ersten Wagen wurde das überdimensionale Front-Prallelement bei den weiteren Fahrzeugen durch eine etwas kleinere Variante ersetzt.
Heimgekehrt ist mit dem lange Jahre in Österreich bei Stern & Hafferl eingesetzten Triebwagen 119 ein vierachsiges Fahrzeug aus den dreißiger Jahren, das bis zu deren Stillegung die von Benrath ausgehenden Meterspurstrecken befuhr. Der Wagen soll als Museumsfahrzeug aufgearbeitet werden, eventuell verbunden mit einer Umspurung auf Normalspur.
Nach mehrmonatiger Abstellzeit wegen einer nicht kalkulierbaren Materialermüdung im Achsbereich kehrten die älteren Stadtbahn-Triebwagen vom Typ GT8SU wieder in den Plandienst zurück, außer Dienst blieben jedoch die ehemaligen Wagen mit Speiseabteil Nr. 3101-04, von denen einer inzwischen ausgemustert wurde. Fraglich ist ebenfalls die

Rheinische Bahngesellschaft AG
Hansaallee 1
40549 Düsseldorf
www.rheinbahn.de

Streckennetz:
Spurweite 1435 mm
Streckenlänge
84,4 km Straßenbahn,
61,1 km Stadtbahn
Linienzahl
13 Straßenbahn,
7 Stadtbahn

Fahrzeuge:
Straßenbahn:
- 160 Triebwagen
- 61 Beiwagen
Stadtbahn
- 141 Triebwagen

Betriebshöfe: 3

Zum Jahreswechsel 2000/2001 erschienen die ersten Triebwagen der neuen Baureihe NF10 im Plandienst
M. KOCHEMS

Zukunft des bei einem Unfall am 10. August 2001 im unterirdischen Wendebereich des Hauptbahnhofs schwer beschädigten Düsseldorfer B80-Erstlings Nr. 4001. Da es sich um eine Leerfahrt handelte, war zum Glück nur materieller Schaden zu beklagen. Bei einem weiteren Unfall, bei dem ein jüngerer B80-Triebwagen am 18. Oktober 2001 im Tunnel an der Haltestelle Kleverstraße/Viktoriaplatz in Brand geriet, wurde glücklicherweise ebenfalls niemand verletzt.

Positiv macht der innerstädtische Schienenverkehr Düsseldorfs im Moment mit weitreichenden Ausbauplänen von sich reden. Im Straßenbahnbereich wird zwar noch immer über das genaue Aussehen der geplanten Hafenanbindung gestritten, aber dafür laufen bereits die Bauarbeiten zur Verlängerung der Linie 709/713 vom Staufenplatz bis zum Gerresheimer Krankenhaus. Dieser Abschnitt wird wahrscheinlich zum Sommerfahrplan 2002 in Betrieb gehen.

Gleichzeitig wird auch das Streckennetz der Stadtbahn um ein wichtiges Stück wachsen. Mit der Eröffnung des unterirdischen Abschnitts Hauptbahnhof – Philipshalle und der anschließenden oberirdischen Ausbaustrecke bis zur Werstener Dorfstraße verkürzen sich die Reisezeiten der U74 und der U77 in den Düsseldorfer Süden erheblich. Nachdem die Tunnelstrecke und das erste Teilstück an der Oberfläche bis auf die Höhe des alten Betriebshofs bereits weitgehend fertig sind, laufen nun die rund 19,3 Mio. DM teuren Arbeiten am südlichen Ende.

Neben der bereits seit längerem geplanten Wehrhahn-Linie, die die Innenstadt in Ost-West-Richtung unterqueren soll und für die bereits detailliertere Planungen angelaufen sind, steht seit einiger Zeit eine geplante neue Rheinüberquerung im Verlauf einer möglichen Strecke U81 (Ratingen – Düsseldorf-Flughafen –) Messe – Lörick – Handweiser (– Neuss) ganz oben bei den Gesprächsthemen. Hier werden zur Zeit die genauen Streckenverläufe überdacht, auch wurden schon erste Gespräche zur östlichen Weiterführung Richtung Ratingen geführt. An der Messe soll die neue Strecke mit der ebenfalls geplanten Messe-Linie U80 verknüpft werden, die das Messegelände umfahren und dadurch für eine verbesserte Anbindung sorgen soll.

Zur Ablösung des alten Betriebshofs Am Steinberg, für den eine zukünftige Nutzung als Museum im Gespräch ist, soll im südlichen Düsseldorfer Stadtteil Itter ein neuer Betriebshof errichtet werden. Hier werden z.Z. noch Verhandlungen mit den Grundstückseigentümern geführt.

Im August begannen die Arbeiten zum Neubau des Haltepunkts Wittlaer an der U79 nach Duisburg. Die alte Station war seinerzeit die erste Stadtbahnhaltestelle auf Düsseldorfer Gebiet, die aber vollkommen überdimensioniert war und durch ihre Unübersichtlichkeit im Punkte Sicherheit nicht mehr befriedigen konnte.

Das 125jährige Jubiläum der Düsseldorfer Straßenbahn wurde am 13. Mai 2001 mit einem großen Tramkorso, zahlreichen Sonderfahrten und zwei Tagen der offenen Tür im Betriebshof Am Steinberg gefeiert. Außerdem fand aus gleichem Anlass am 15./16. September 2001 ein weiterer Tag der offenen Tür statt, diesmal in der Hauptwerkstatt am Handweiser. ■

Nach mehrmonatiger Abstellzeit wegen Materialermüdung der Achsen kehrten die älteren Stadtbahn-Triebwagen der Rheinbahn wieder in den Plandienst zurück
M. Kochems

Duisburg

Nachdem das Jahr 2000 für die Fahrgäste der Duisburger Verkehrs-Gesellschaft (DVG) mit der Inbetriebnahme des Ruhrauen-Tunnels der Nordstrecke zwischen Duisburg-Duissern und Meiderich am 23. September 2000 große Verbesserungen gebracht hat (Fahrzeitersparnis zwischen Meiderich und Duisburg-Innenstadt zwölf Minuten), spielten sich die wichtigsten Veränderungen des Jahres 2001 in einem Bereich ab, der normalerweise fernab des Publikumsinteresses liegt: Nach zwei Jahren Bauzeit konnte die DVG am 23. Mai 2001 auf dem traditionsreichen Betriebsgelände Grunewald ihre neue Stadtbahnschwerpunktwerkstatt in Betrieb nehmen. Der Neubau (mit Lager, Büros, Sozialräumen etc.), in dem alle DVG-Schienenfahrzeuge gewartet und repariert werden, wurde unter laufendem Straßenbahnbetrieb ohne größere Störungen errichtet. Gleichzeitig führte man umfangreiche Gleisbauarbeiten durch, neue

Duisburger Verkehrsgesellschaft
Bungerstraße 27
47053 Duisburg
www.dvg-duisburg.de

Streckennetz:

Linienzahl	*4*
Linienlänge	*117,3 km*
Spurweite	*1435 mm*

Fahrzeuge:

Triebwagen	*65*

Betriebshöfe: 1

Auf dem traditionsreichen Betriebsgelände Grunewald nahm die DVG am 23. Mai 2001 ihre neue Stadtbahnschwerpunktwerkstatt in Betrieb
W. Klee

Bild Seite 43: Neben neuen Niederflurwagen bestimmen auf Essens Meterspurnetz (hier die Haltestelle Helenenstraße) die M-Wagen das Bild
M. Kochems

Fahrleitungs- und Signalanlagen wurden erstellt und die Anbindung an die vor dem Betriebshof verlaufende Strecke U79 Duisburg – Düsseldorf durch neue Ein-/Ausfahrten verbessert. Zeitgleich wurde an dieser Strecke die Haltestelle „Betriebshof Grunewald" mit Mittelbahnsteig neu erstellt.

Die Werkstattfläche der neuen Halle mit 97 m Länge, 68 m Breite und 9,5 m Höhe ist um rund ein Viertel kleiner als die alte. Der geringere Platzbedarf ist nicht zuletzt den insgesamt kürzeren Werkstattzeiten der einzelnen Fahrzeuge zu verdanken, was wiederum ein Erfolg der so genannten „inspektiven Instandhaltung" ist. Das heißt, ein Fahrzeug wird z.B. nicht nach starren Intervallen einer HU unterzogen, zerlegt und repariert; ein bei einer der häufigeren Inspektionen eventuell festgestellter Schaden wird vielmehr sofort daraufhin untersucht, ob er umgehend beseitigt werden muss oder ob ein günstigerer Termin abgewartet werden kann, bei dem aus anderen Gründen das Fahrzeug nicht im Einsatz bzw. in der Werkstatt steht.

Die Stadtbahnschwerpunktwerkstatt ist für alle DVG-Schienenfahrzeuge zuständig. Für den Liniendienst sind dies neben den 46 GT10NC-DU – davon sind derzeit drei an Amsterdam vermietet – der Variobahn-Einzelgänger mit der Betriebsnummer 2000 sowie 18 Stadtbahnwagen B, die ausschließlich auf der gemeinsam mit der Rheinbahn bedienten U79 zum Einsatz kommen; Variobahn und GT10NC-DU bedienen die Linien 901 bis 903.

Der Beginn der Arbeiten am Weiterbau des Nordstrecken-Tunnels von Meiderich in Richtung Dinslaken ist für 2003 vorgesehen, ebenfalls 2003 soll mit dem Bau neuer Brücken zwischen Kasslerfeld und Ruhrort begonnen werden, was zum Teil die Errichtung von Hilfsbrücken während der Bauzeit erforderlich macht; über diese muss dann auch die Linie 901 fahren. ■

Essen

Zum 1. Juni wurde die Struktur des Unternehmens Essener Verkehrs-Aktiengesellschaft verändert. Die EVAG ist seitdem nur noch für die Infrastruktur (Fahrzeuge und Fahrwege) und das Marketing verantwortlich, die neue Schwestergesellschaft „EVAG-Betriebsgesellschaft mbH" (EVBG, gegründet am 1. Januar 2001) betreibt mit den von der EVAG übernommenen Mitarbeitern die Verkehrsleistungen und unterhält dafür die im Besitz der EVAG befindlichen Fahrzeuge. Beide Unternehmen sind Töchter der „Essener Versorgungs- und Verkehrs GmbH" (EVV). Ein Grund für diese Aufteilung ist die bessere Möglichkeit, sich im liberalisierten Verkehrsmarkt zu engagieren. Ein weiterer Schritt dazu ist die Gründung einer gemeinsamen Betriebsgesellschaft mit den Nachbarbetrieben aus Mülheim und Oberhausen zum 1. Januar 2003, in die die EVBG eingebracht würde. Ein positiver Beschluss des Stadtrats dazu liegt jetzt vor.

Wichtige Änderungen gab es im Streckennetz. Am 29. September wurde die so genannte Nordstrecke der Stadtbahnlinie U17 vom Bf. Altenessen bis Gelsenkirchen-Fischerstraße eröffnet. Hier fehlen auf Gelsenkirchener Stadtgebiet nun noch die beiden letzten Haltestellen zur Verknüpfung mit der Bogestra. Während die Stadtbahnstrecke sich in der Innenstadt und bis Altenessen unterirdisch befindet, verläuft sie ab der Haltestelle „II. Schichtstraße" oberirdisch im Straßenplanum, oft ohne eigenen Bahnkörper. In der wöchentlichen Hauptverkehrszeit wird der Takt auf der neuen Strecke außerdem bis zum Karlsplatz durch die U11 verdichtet.

Am südlichen Ende der U17 wurde am 30. September der durch neue Hochbahnsteige für den Stadtbahnbetrieb ausgebaute Abschnitt Gemarkenplatz – Holsterhauser Platz wieder eröffnet, allerdings müssen sich auch hier die Stadtbahnzüge die Straße mit dem Individualverkehr teilen. Das nun noch fehlende Teilstück bis Margarethenhöhe soll 2002 fertiggestellt sein. Künftig soll die U17 eventuell sogar über die bisherige Endhaltestelle hinaus bis zur Hatzper Straße verlängert werden. Hierfür laufen bei der Stadt Essen bereits die Planungen. Weitere geplante Neubaustrecken sind eine Verlängerung der 105 von der Haltestelle Finefraustaße bis zur Haltestelle Annental und am anderen Ende über Frintrop hinaus nach Oberhausen. Weitere Überlegungen betreffen den Bau einer Strecke von der Volkshochschule über Hauptbahnhof, Hachestraße, Hindenburgstraße, durchs Sanierungsgelände Kruppscher Gürtel zur jetzigen Haltestelle Bergmühle.

Im Fahrzeugpark sind die letzten GT8 aus dem Planeinsatz verschwunden.

Essener Verkehrs AG (EVAG)
Zweigertstraße 34
45130 Essen
www.evag.de

Streckennetz:
Streckenlänge:
51 km Straßenbahn,
28 km Stadtbahn
Linien 7 Straßenbahn,
3 Stadtbahn
Spurweite 1000 mm/
1435 mm

Fahrzeuge:
Straßenbahn
108 Triebwagen
Stadtbahn
45 Triebwagen

Betriebshöfe: 3

Köln: Im Januar 2001 ging als erstes Teilstück der im Bau befindlichen Verlängerung Mengenich - Bocklemünd in Bocklemünd eine neue Wendeanlage in Betrieb
A. REUTHER

Durch die Auslieferung der neuen Niederflurwagen der Serie 1501-1534 konnten sie komplett abgestellt werden. Die letzten Einsätze waren bis zu den Sommerferien nur noch Verstärkerfahrten in der HVZ-Zeit. Zahlreiche Wagen der 18er Serie wurden inzwischen nach Arad/Rumänien abgegeben. Als Museumsfahrzeug erhalten blieb jedoch der Zweirichtungs-GT8 Nr. 1753, der regelmäßig bei Sonderfahrten zum Einsatz kommt.

Das neue Essener Lackierungsschema in einem kräftigen Gelb mit blauen Beschriftungen hat sich in den vergangenen Monaten weiter ausgedehnt. Größter Unterschied gegenüber der alten, ebenfalls gelben Lackierung ist der Wegfall des breiten blauen Zierstreifens. Seit einiger Zeit werden nun auch B-Stadtbahnwagen und die ehemaligen Docklands-Fahrzeuge, bei denen der Umbau auf Essener Bedürfnisse fortgeführt wurde, so lackiert. ■

Essen: Auf der U17 können die B-Wagen jetzt bis Gelsenkirchen Fischerstraße fahren
M. KOCHEMS

Köln

Große Veränderungen stehen in nächster Zeit in verschiedenen Bereichen des schienengebundenen Nahverkehrs in Köln an. Betroffen sind der Wagenpark, das Streckennetz und die Organisationsstruktur.

Für Frühjahr 2002 ist die Inbetriebnahme des ersten neuen Stadtbahnwagens K5000 von Bombardier vorgesehen. Testfahrten der im Werk Wien fertiggestellten ersten Einheiten erfolgten zuvor auf der Lokalbahn Wien-Baden. In der Folge sollen die neuen Hochflurfahrzeuge, deren weitere Fertigung dann im Werk Aachen erfolgt, in rascher Folge abgeliefert werden. Mit den neuen Wagen geht auch die Umstellung auf ein neues Farbschema einher. Die grundsätzlich lichtgrau lackierten Wagen tragen größere verkehrsrote Partien an den Wagenköpfen und entsprechende Seitenstreifen. Teile der Kopfpartie und das Mittelteil sind anthrazitfarben abgesetzt. Die KVB hoffen, im Frühsommer etwa sechs Doppelzüge einsetzen zu können. Dies wird dann Umverteilungen im Wageneinsatz auslösen, so den Einsatz älterer Stadtbahnwagen auf der Linie 5. Dann wird es möglich sein, die letzten acht-

achsigen Gelenkwagen der Baujahre 1963-65 (Serien 3700; 3800) aus dem Betrieb zu nehmen. Konya in der Türkei hat bereits im Jahre 2000 den gesamten Restbestand von damals noch 26 Einheiten mit konventioneller Schaltwerkstechnik aufgekauft. Zehn Einheiten wurden diesmal per Eisenbahn bereits nach Anatolien transportiert, die weitere Übernahme wird aber derzeit durch Geldmangel behindert.
Ursprünglich war vorgesehen, die überzähligen Wagen der Baujahre 1968–71 mit elektronischer Steuerung (Serien 3100; 3200) nach Konya abzugeben. Der besseren Wartungsmöglichkeiten wegen entschieden sich die Türken dann aber für die restlichen Schaltwerkswagen. Für die Zeit, in denen noch Achtachser in Köln auf den Linien 5, 6 und 12 benötigt werden, mussten etliche teilweise längere Zeit in der Hauptwerkstätte abgestellten Triebwagen der Serien 3100 und 3200 als Ersatz aufwändig aufgearbeitet werden. 22 nicht mehr benötigte Wagen wurden Mitte 2001 einem Schrotthändler zugeführt.

Nach dem derzeitigen Stand der Planungen soll ab Mitte 2002 auch auf der Linie 12 mit Stadtbahnwagen gefahren werden, obwohl ein Ausbau der Haltestellen im Verlauf des Streckenastes nach Zollstock bis dahin nicht erfolgt sein wird. Im Sommer wird es dazu nötig sein, die von Stadtbahnwagen nicht befahrbare Wendeschleife am Zollstocker Südfriedhof durch eine stumpfe Endstelle zu ersetzen.
Aus Köpfen nicht mehr benötigter Achtachser entstanden in eigener Werkstatt mittlerweile zwei Sechsachser als Gleispflege- bzw. Werkstattwagen. Die nicht mehr benötigten zweiachsigen Vorgänger fanden ihren Platz im Museum Thielenbruch. Für Materialtransporte soll noch ein weiterer dreiteiliger Gelenkwagen in Zweirichtungsbauweise entstehen.
Mitte Juni 2002 werden die beiden derzeit in Bau befindlichen Streckenverlängerungen von Junkersdorf nach Weiden (Linie 1) und Bocklemünd – Mengenich (Linie 3) in Betrieb genommen. Bei beiden Abschnitten handelt es sich um ein

Auf Kölns Linie 12 soll die Zeit der klassischen Achtachser (hier in Niehl) noch 2002 zu Ende gehen
M. Kochems

So soll die Front der neuen Reihe K5000 im gemeinsamen Farbschema der Kölner und Bonner Verkehrsunternehmen aussehen
R. HAFKE

Kölner Verkehrsbetriebe AG
Scheidtweilerstraße 38
50933 Köln
www.kvb-koeln.de

Streckennetz

Linienzahl	*16**
Linienlänge	*282 km*
Spurweite	*1435 mm*

** (inkl. Messelinie 14)*

Fahrzeuge

Triebwagen	*345*

Betriebshöfe	3

erstes Teilstück, denen eine Fortsetzung folgen wird. Erste Bauvorbereitungen in Form von Kabel- und Rohrverlegungen gibt es im Verlauf der zukünftigen Nord-Süd-Stadtbahn vom Breslauer Platz zur Bonner Straße. Erst in den nächsten beiden Jahren werden diese auch Auswirkungen auf den bestehenden Betrieb haben. So wird derzeit darüber nachgedacht, zur Kostensenkung und Beschleunigung der Arbeiten des Anschlussesan die heutige U-Bahn-Strecke am Breslauer Platz 2004 eine längere Streckensperrung vorzunehmen. Bereits beschlossen ist aus ähnlichen Gründen, den Streckenabschnitt der Linie 6 zwischen Chlodwigplatz und Marienburg dann aufzugeben, wenn die Grube für die Einbringung der Schildbohrmaschinen gegraben wird. Linie 6 wird dann als letzte Linie auf Stadtbahnwagen umgestellt und bis Ubierring geführt. Die Linie 15 soll dann bis Rodenkirchen weitergeführt werden.
Eine erhebliche Belastung für den weiteren Haltestellen- und Streckenausbau stellen die 2001 aus der Politik aufgekommenen Forderungen dar, das Netz künftig vollständig mit Niederflurfahrzeugen zu bedienen. Vorangegangen waren Diskussionen über die mögliche Ausstattung der im Straßenbereich verlaufenden Strecken nach Ossendorf und Zollstock mit 90 cm hohen Bahnsteigen. Aus städtebaulichen Gründen sind diese kaum durchsetzbar, ein ersatzweise gebauter 35-cm-Bahnsteig lässt einen stufenfreien Zugang zum Fahrzeug aber nur beim Einsatz von Niederflurwagen zu. Zur Untersuchung des Vorhabens, welches erhebliche Auswirkungen auf die Bauart der zu beschaffenden Fahrzeuge und die bereits mit hohen Bahnsteigen ausgerüsteten Netzteile hat, wurde ein Gutachten in Auftrag gegeben. Dieses erteilte einer Komplettumstellung aus technischen und finanziellen Gründen eine klare Absage, schlug aber als Kompromiss eine Netzteilung auch in Nord-Süd-Richtung vor. Dabei werden die mit Niederflurwagen zu bedienenden Linien in der Innenstadt über die Ringe geführt, die heutige Strecke über Neumarkt und die künftige neue Nord-Süd-Verbindung werden mit Hochflurfahrzeugen bedient. Dies bedingt neue Linienführungen für die Linien 12 (über Ringstrecke), 19 (über Neumarkt) und einen Tausch der nördlichen Äste der Linien 15 und 18 (Chorweiler bzw. Thielenbruch). Die Linien 6, 12 und 15 würden mit Niederflurfahrzeugen bedient, alle übrigen Nord-Süd-Linien mit Hochflurwagen. Im Bereich der Zentrums-U-Bahn würden die Bahnsteige dann angehoben. Wegen der hierbei wegfallenden Direktverbindungen aus Norden und Süden zum Neumarkt und zum Hauptbahnhof regte sich aber in den betroffenen Bezirken der politische Widerstand. Eine endgültige Beschlussfassung, die die gegensätzlichen Interessen vernünftig vereinigt, steht noch aus.

Der Umbau von Haltestellen auf Hochbahnsteige läuft daher derzeit auf Sparflamme. Fertiggestellt wurden die Stationen Boltensternstraße und Keupstraße. Zwischen Keupstraße und Höhenhaus soll die Trasse der Linie 4 verlagert werden, um auch hier neue Bahnsteige bauen zu können. Die Wendeschleife Höhenhaus wird dann entfallen, als Ersatz erhielt die Station Keupstraße ein Wendegleis.
Im Verlauf der Siegburger Straße erhielten die Linien 7 und 8 einen abgetrennten, aber eingepflasterten Bahnkörper und die Haltestellen neue 35-cm-Bahnsteige. Nach Beseitigung von Grundstücksproblemen kommt nun auch die Verlängerung der Linie 7 von Zündorf Richtung Langel in Gang.
Einen Dämpfer erhielten im Herbst 2001 auch die Bemühungen, zur Stärkung der Wettbewerbsfähigkeit eine Vereinigung der Verkehrsbetriebe von Köln und Bonn herbeizuführen. Dies war von beiden Unternehmen grundsätzlich beschlossen worden und soll in drei Stufen bis zum Jahre 2003 vollzogen werden. In einem ersten Schritt wurden bereits gemeinsame Bereichsleitungen für die einzelnen Betriebszweige geschaffen. Die zweite Stufe sieht die Gründung einer Fahrwege-Gesellschaft vor. Der Aufsichtsrat des Bonner Parts der künftigen „Köln-Bonner Verkehrsunternehmen AG" verweigerte dann aber seine Zustimmung (siehe S. 33).
Am letzten Mai-Wochenende 2002 wird Köln das 125-jährige Jubiläum seiner Straßenbahn feiern. Dazu wurde ein Großteil der Museumsfahrzeuge fahrbereit aufgearbeitet. Der von 1911 stammende Zug der Frechener Bahn wurde von der Mittenwalder Gerätebau mustergültig restauriert. Die beachtliche Sammlung historischer Fahrzeuge wird ansonsten im Museum Thielenbruch einmal monatlich der Öffentlichkeit präsentiert. ■

Krefeld

SWK Mobil GmbH
St. Töniser Straße 270
47804 Krefeld
www.swk.de

Streckennetz:

Linienzahl	*4*
Linienlänge	*46 km*
Spurweite	*1000 mm*

Fahrzeuge:

Triebwagen	*40*
Betriebshöfe:	*1*

Im September 2001 fand eine Neugliederung der alten „Städtische Werke Krefeld" (kurz SWK) statt. Es wurde daraus die Holding „SWK Stadtwerke Krefeld AG", deren Tochter „SWK Mobil GmbH" nun für den Verkehrsbereich zuständig ist.
Am 8. Juni 2001 wurde die neue Haltestelle Kempener Platte an der Linie 041 in Betrieb genommen, die das Neubaugebiet Am Schicksbaum an den ÖPNV anschließt.
Ansonsten gibt es wenig Neues aus der niederrheinischen Textilstadt zu vermelden. Noch immer wurden keine neuen Triebwagen bestellt, womit man einer der letzten deutschen Betriebe ohne Niederflurwagen bleibt. Der kurz angedachte Ankauf von gebrauchten Essener M8-Triebwagen hat sich ebenfalls vorläufig zerschlagen. Somit bleiben weiterhin die bewährten GT8 und die 1980/81 gebauten M8C im Einsatz.
Auch bei den geplanten Netzerweiterungen gibt es keine Fortschritte. Einzige Neuigkeit sind einige weitere in die „Stadtlinien"-Farben Weiß und Rot umlackierte Bahnen. ■

In Krefeld bleiben weiterhin die bewährten GT8 und die 1980/81 gebauten M8C im Einsatz
M. Kochems

Die Verkehrsbetriebe von Mülheim (Foto), Essen und Oberhausen sollen ab 2003 gemeinsam fahren
M. KOCHEMS

Bild Seite 49:
In Oberhausen steht die Verlängerung vom Sterkrader Bahnhof (Foto) zum Neumarkt an
W. KLEE

Betriebe der Stadt Mülheim an der Ruhr
Duisburger Straße 78
45479 Mülheim
www.btmh.de

Streckennetz:
Streckenlänge:
30,7 km Straßenbahn,
5,5 km Stadtbahn
Linien: 4 Straßenbahn,
1 Stadtbahn
Spurweite: 1000 mm/
1435 mm

Fahrzeuge:
Straßenbahn
32 Triebwagen
Stadtbahn
7 Triebwagen

Betriebshöfe: 1

Mülheim an der Ruhr

In Mülheim laufen die Planungen zum Bau einer neuen, rund 32 Mio. Mark teuren Straßenbahnverbindung nach Oberhausen weiter. Diese soll im Bereich der heutigen Haltestelle Am Bruch in Dümpten von der existierenden Strecke der Linie 102 abzweigen. Ebenfalls noch in der Planung ist eine weitere Neubaustrecke in den Stadtteil Saarn. Komplett neugestaltet wurde inzwischen die Endhaltestelle der Linie 102 im Stadtteil Dümpten, die gleichzeitig von „Möllhofstraße“ in „Oberdümpten“ umbenannt wurde. Weitere Ausbaumaßnahmen betreffen ansonsten nur das bestehende Netz, hier soll speziell die Linie 110 durch bauliche Maßnahmen beschleunigt werden.

In einer neuen bzw. eigentlich alten Farbgebung werden seit einiger Zeit die Mülheimer Stadtbahnwagen lackiert. Nachdem sie zunächst ähnlich ihren Essener Geschwistern in rot/weiß, später in grau/rot lackiert waren, werden sie jetzt sukzessive in die bisher schon im Trambereich üblichen Farben Gelb, Anthrazit und Weiß umlackiert. Erster Wagen in den neuen Farben war Triebwagen 5015. Die Mülheimer Stadtbahnwagen werden in Essen unterhalten und kommen außer auf der gemeinsamen Linie U18 auch auf den anderen Stadtbahnstrecken der Nachbarstadt zum Einsatz.

Selten werden die Einsätze der früher typischen Düwag-GT6. Nachdem die mit Hilfe gebrauchter Mittelteile vor einigen Jahren zu Achtachsern umgebauten Wagen inzwischen völlig verschwunden sind, ist auch der Bestand an Sechsachsern auf inzwischen vier gesunken, wovon noch zwei Wagen planmäßig auf der Linie 110 eingesetzt werden.

Von den mit einem niederflurigen Mittelteil zu dreiteiligen Triebwagen erweiterten M6 traf Anfang November der Wagen Nr. 281 als zweiter seiner Art in Mülheim ein. Weitere Umbauten sind vorgesehen. Von den nicht mehr benötigten älteren Wagen wurden in der Zwischenzeit zahlreiche noch verkauft, vorwiegend nach Arad/Rumänien.

Zum Jahresende forderte der Stadtrat die Betriebe der Stadt auf, Verhandlungen mit dem Ziel einer gemeinsamen Betriebsgesellschaft mit den Essener und Oberhausener Verkehrsbetrieben aufzunehmen; Anfang 2003 soll die an den Start gehen können. ■

Oberhausen

In Oberhausen plant man nach wie vor drei neue Straßenbahnabschnitte. So soll eine neue, 2,2 km lange und 32 Mio. Mark teure Strecke von Sterkrade über die Neue Mitte nach Mülheim-Dümpten gebaut werden. Diese Strecke wird wahrscheinlich ebenfalls vom Nachbarbetrieb in Mülheim im Auftrag der Stoag (Stadtwerke Oberhausen AG) bedient werden. Die zweite, ca. 3,3 km lange Strecke soll einen Anschluss von der Neuen Mitte an das Essener Netz bei Frintrop herstellen. Nachdem eine Verlängerung der existierenden Strecke von Sterkrade nach Schmachtendorf an Bürgereinsprüchen scheiterte, ist dort als drittes Erweiterungsprojekt jetzt nur noch eine Weiterführung vom Sterkrader Bahnhof zum Neumarkt geplant.
Weiterhin werden alle sechs der Stoag gehörenden Niederflurwagen gemeinsam mit den vier baugleichen Mülheimer Wagen im Mülheimer Depot unterhalten. Mülheim stellt außerdem auch den obersten Betriebsleiter der Oberhausener Straßenbahn. Für die Streckenerweiterungen sollen einige zusätzliche Fahrzeuge beschafft werden.
Auch die Stadtväter von Oberhausen forderten Ende 2001 ihre Stadtwerke auf, in Verhandlungen mit Essen und Mülheim über eine gemeinsame Betriebsgesellschaft (Start zum 1. Januar 2003) treten. ■

Stadtwerke Oberhausen AG
Max-Eyth-Straße 62
46149 Oberhausen
www.stoag.de

Streckennetz:

Streckenlänge	*8,7 km*
Linienzahl	*1*
Spurweite	*1000 mm*

Fahrzeuge:

Triebwagen	*6*

Die Heag zieht es künftig noch weiter hinaus in die Vororte und ins Umland
F. MUTH

Darmstadt

Seit einiger Zeit schon wird in Darmstadt der Hauptbahnhof samt Umgebung, vor allem der Bereich westlich der Gleise, umgestaltet. Der bisherige, über die Gleise führende Brückenzugang zu den Bahnsteigen ist dorthin verlängert worden. In dem mehrgeschossigen Gebäude sind Geschäfte, Büros etc. untergebracht. Unmittelbar westlich der Gleise entstehen bzw. entstanden Parkhäuser, Wohnungen, Büros etc. Beginnend im Sommer 2001 kam auch der alte, zur Innenstadt gelegene Bahnhofsvorplatz – er liegt wie das Empfangsgebäude östlich der Gleise – an die Reihe. Mit der Aufwertung dieses Terrains geht eine Umgestaltung der bislang wenig übersichtlichen und unpraktischen Straßenbahnanlagen einher. Dabei wurde auch eine Gleisverbindung geschaffen, die Fahrten vom Bahnhofsvorplatz Richtung Griesheim erlaubt. Nach Griesheim fährt im regulären Tagesverkehr die Linie 9, und zwar bekanntlich nicht über die Schleife am Bahnhof. Reisende vom und zum Bahnhof müssen an der Haltestelle Berliner Allee ein- und aussteigen, diese Haltestelle wurde 2001 verbreitert und musste etwas nach Osten verlegt werden, so dass sich die Fußwege verlängern.

Apropos Linie 9: diese hatte Ende 2001 Geburtstag, am 13. Oktober 1926 war die „Elektrisch" auf der so genannten Vorortbahn zwischen Darmstadt und Griesheim feierlich eingeweiht worden. Daran erinnerte die Heag Verkehrs-GmbH im Rahmen des Griesheimer Zwiebelmarktes und setzte aus diesem Anlass am Samstag, 22. September auf der Linie 9 im Linienverkehr Straßenbahnen älterer Baujahre ein.

Mit großen Schritten voran gehen die im Sommer 2001 begonnenen Arbeiten an der Neubaustrecke nach Kranichstein, 2003 sollen auf der 4 km langen Strecke die Bahnen rollen können. Planerisch untersucht werden zudem Verlängerungen nach Weiterstadt (10 km) und um etwa 2 km im Norden in Arheilgen.

Das Eisenbahnnetz um Darmstadt ist engmaschig und so ist es nur naheliegend, wenn sich die Heag Gedanken darüber macht, wie man auch in Darmstadt der Zweisystem-Technik nach dem Karlsruher Modell zum Durchbruch verhelfen kann. Dabei tritt allerdings ein zentrales Problem auf: Die Heag-Bahnen rollen auf Meterspur, und ein Umbau des Straßenbahnnetzes auf Normalspur ist ausgeschlossen. Aus diesem Grund hat die Heag die Firma Alstom-LHB (Hersteller der modernen Heag-Niederflurbahnen der Reihe ST13) beauftragt, die Möglichkeit von Spurwechsel-Fahrwerken (wie sie bei der Eisenbahn zwischen Breit- und Normalspur schon länger existieren) für den Stadtbahn-Betrieb zu prüfen.

Beim Fahrzeugbestand für den Liniendienst hat es gegenüber dem Vorjahr keine Veränderungen gegeben, auch für 2002 sind keine Neubeschaffungen geplant. ■

Heag Verkehrs GmbH
Jägertorstraße 207
64289 Darmstadt
www.heag.de

Streckennetz:	
Linien	*6*
Linienlänge	*76,4 km*
Spurweite	*1000 mm*
Fahrzeuge:	
Triebwagen	*44*
Beiwagen	*30*
Betriebshöfe	***2***

Frankfurt am Main

Das Frankfurter U-Bahnnetz wuchs am 10. Februar 2001 um 1,8 km. Die Verlängerung der U4 vom Hauptbahnhof über Messe zur vorläufigen Endstation Bockenheimer Warte (dort Anschluss an U6 und U7) stellt neben der S-Bahn die zweite leistungsfähige Anbindung des Messegeländes dar. Entsprechend breit ist der Bahnsteig, der durch Glaskegel auch vom Tageslicht beleuchtet wird. Die Bauzeit der komplett unterirdisch angelegten Strecke betrug aufgrund von kontaminiertem Erdreich und Problemen mit beteiligten Baufirmen über zwölf Jahre! Auf die parallel verlaufende Straßenbahnlinie hatte die Eröffnung keinen Einfluss: Die Linie 16 fährt weiterhin bis Ginnheim.

Wesentlich schneller als zunächst vorgesehen wird die Rebstock-Straßenbahn eröffnet werden. Die in diesem Jahr begonnenen Bauarbeiten sollen schon im Herbst 2002 zur Eröffnung der Strecke führen. Von der heutigen Haltestelle Varrentrappstraße zweigt die Strecke ab und führt via Hamburger Allee, Voltastraße und Opel-Rondell zur Endstation am Rebstockbad.

Im Juni war Frankfurt am Main Gastgeber des evangelischen Kirchentags. Die vier Tage dauernde Veranstaltung brachte Bussen und Bahnen erheblichen Verkehrsbedarf. Höhepunkt für den Straßenbahnfan war der „Kirchentagsexpress", eine halbstündige Stadtrundfahrt zwischen Messe, Hauptbahnhof, Römer/Paulskirche und Zoo, auf der Sehenswürdigkeiten aus kirchlicher Sicht angesprochen wurden. Eingesetzt wurde der letzte betriebsfähige Großraumzug (L-Triebwagen 124 mit l-Beiwagen 1242).

Zum Kirchentag trat auch das neue Nachtbusnetz in Kraft. Acht Linien im 30-Minutentakt verbinden den Knotenpunkt Konstablerwache mit den Stadtteilen.

Am 3. Mai 2001 wurde P-Triebwagen 679 durch einen Brandanschlag im Depot Eckenheim zerstört. Damit ist der erste Verlust unter den von 1972 bis 1978 gelieferten 100 P-Triebwagen zu beklagen. Ende November ist die Entscheidung für neue Fahrzeuge gefallen. Der Aufsichtsrat der VGF (Verkehrsgesellschaft Frankfurt) hat einer Bestellung von 60 Triebwagen (Typ S nach VGF-Bezeichnungsschema) bei Bombardier zugestimmt.

Stadtwerke Verkehrsgesellschaft Frankfurt am Main
Kurt-Schumacher-Straße 10
60311 Frankfurt am Main
www.vgf-ffm.de

Streckennetz:

Linien	*7 U-Bahn, 7 Straßenbahn*
Streckenlänge	*121 km (davon 60 U)*
Spurweite	*1435 mm*

Fahrzeuge:

Triebwagen	*326*
Beiwagen	*2*
Betriebshöfe	*8*

Noch ungewohnt: Frankfurter Pt-Triebwagen mit Vollwerbung, hier in der Bürostadt Niederrad
A. PIESENECKER

Das „Street-Tram" genannte Fahrzeug ist in ähnlicher Ausführung schon in Essen, Kassel und Schwerin im Einsatz. Damit wird erstmals seit den Verbandstypwagen des Typs K aus den 1950er Jahren ein Straßenbahnwagen für Frankfurt am Main nicht von Siemens bzw. Düwag/Duewag geliefert. Die S-Wagen werden ab 2003 ausgeliefert. Sie sind mit 2,40 cm Breite 5 cm breiter als die bisherigen Straßenbahnwagen und erlauben so je zwei Sitzplätze nebeneinander auf beiden Seiten des Mittelganges. Jedes Fahrzeug soll etwa 1,8 Mio. Euro kosten.

Es wird also keine 100 weiteren Triebwagen des Typs „R" geben, der 1993 mit Attributen wie „Ferrari auf Schienen" präsentiert wurde, aber die in ihn gesetzten Erwartungen nie erfüllen konnte. Auch Nachbesserungen an den vielfältigen Kinderkrankheiten der Fahrzeuge ließen lange keinen befriedigenden Einsatz zu.

Die oft mit Vollwerbung lackierten Wagen der Typen N und O werden in den nächsten Jahren ersetzt. Um nicht auf diese Werbeform verzichten zu müssen, wurden die ersten Pt-Wagen für „Popwerbung" freigegeben. Schon Ende der 1980er Jahre hatte es kurze Zeit Vollwerbung auf insgesamt vier P-Wagen gegeben. ■

Der „Kirchentagsexpress" (L-Triebwagen 124 und L-Beiwagen 1242) am 16. Juni 2001 auf seiner Route zwischen Zoo und Messe an der Haltestelle Römer/Paulskirche A. PIESENECKER

Kassel

Das nordhessische Oberzentrum Kassel setzt weiterhin nachhaltig auf den Ausbau des Nahverkehrs auf der Schiene, im Mittelpunkt steht dabei eine Verknüpfung von Straßen- bzw. Stadtbahn mit der Eisenbahn-Infrastruktur. Zwei Meilensteine wurden auf diesem Weg im Jahre 2001 erreicht: die Aufnahme des Regiotram-Vorlaufbetriebs zwischen Kassel Hbf und Warburg sowie die Inbetriebnahme der Lossetalbahn bis Helsa.

Den Höhepunkt des Jahres 2001 markierte dabei das zweite Juni-Wochenende, als mit Feiern, Sonderfahrten und schließlich der Aufnahme des Regelbetriebs die so genannte Lossetalbahn ihrer Bestimmung übergeben wurde. Seitdem können die Niederflurwagen der Kasseler Verkehrgesellschaft (KVG) bzw. der RBK (Regionalbahn Kassel, eine Tochter der Kasseler Verkehrgesellschaft und der Kassel-Naumburger Eisenbahn) auf der Tram-Linie 4 über die alte Endstelle Kaufungen Papierfabrik hinaus rund 12 km weiter bis Helsa fahren. Dabei benutzen sie im wesentlichen die Gleise der entsprechend ausgebauten, also elektrifizierten und teils jetzt zweigleisigen Eisenbahnstrecke Kassel – Hessisch Lichtenau (- Eschwege), zum Teil aber auch eine von dieser abweichende Trasse, nämlich zwischen Niederkaufungen Rieckswiesen und Oberkaufungen Bahnhof; hier nimmt die Bahn neue Wege, um den Ort besser zu erschließen als die alte Eisenbahntrasse. Diese wurde jedoch auch hier erhalten und steht weiterhin dem Güterverkehr – Braunkohle aus dem Meißner-Gebiet zum Kraftwerk Kassel – zur Verfügung, vielleicht sollen später auch Eilzüge diesen alten Weg nutzen.

Die Versorgung der Strecke mit Gleichspannung erfolgt von vier Unterwerken

Die Lossetalbahn – hier in Oberkaufungen Mitte – ist ein Musterbeispiel für die gelungene Kombination von Stadt- und Eisenbahn
W. Klee

aus, die Bedienung durch den Fahrdienstleiter über einen eigenen Bedienplatz in der KVG-Leitstelle Kassel-Wilhelmshöhe. Gefahren wird dort, wo auch Güterzüge rollen, nach EBO, ansonsten nach BoStrab.

In Helsa, wo neben der Eisenbahnstrecke am alten Bahnhof eine großzügige Umsteigeanlage mit zwei Bahnsteigen (Busse und Bahnen Seite an Seite) entstand und wo wenige hundert Meter weiter die Linie 4 derzeit in der Endschleife Im Steinhof (w)endet, wird nicht Endstation bleiben. Ab Herbst 2003 sollen die Niederflurbahnen auf der entsprechend ausgebauten Lossetalbahn dann um rund 9 km weiter fahren können bis Hessisch Lichtenau.

Seit Betriebsbeginn der Lossetalbahn stehen auch einige Abstellgleise am neuen KVG-Betriebshof Sandershäuser Straße (im Osten Kassels neben der Strecke der Linien 4 und 8) den Bahnen zur Verfügung, die Fertigstellung des gesamten Betriebshofes steht 2002 an.

Ebenfalls am zweiten Juni-Wochenende begann der Regiotram-Vorlaufbetrieb zwischen Kassel Hauptbahnhof und Warburg über die DB-Strecke nach Altenbeken (KBS 430), eine zweigleisige elektrifizierte Hauptbahn also. Sechs Saarbrücker Stadtbahnwagen (wegen des langsamer als einst geplant laufenden Ausbaus der Saarbahn sind die Wagen dort derzeit überzählig) sollen einen Vorgeschmack auf die für 2005 geplante Verknüpfung des DB-Netzes und der Tram am Hauptbahnhof geben. De facto handelt es sich derzeit jedoch nur um einen Fahrzeugwechsel, es fährt weiterhin die DB, allerdings eben nicht mehr mit alten Eisenbahnwagen; die Wartung der Fahrzeuge hat die KVG übernommen. Allerdings scheint der Vorlaufbe-

Kasseler Verkehrs-gesellschaft (KVG)
Königstor 3–13
34117 Kassel
www.kvg.de

Streckennetz:	
Linien	*9*
Linienlänge	*126 km*
Spurweite	*1435 mm*
Fahrzeuge:	
Triebwagen	*76*
Beiwagen	*2*
Betriebshöfe	***2***

trieb nicht alle Hoffnungen zu erfüllen, die Fahreigenschaften der Wagen gerade bei Höchstgeschwindigkeit und die häufigen Verspätungen (zu geringe Wendezeiten im verspätungsanfälligen Eisenbahnsystem; Mischbetrieb mit RE-, IR- und Güterzügen) werden kritisiert. Die Saarbrücker sollen bis 2003 in Kassel bleiben, dann will die Regiotram bzw. RBK eigene Neufahrzeuge einsetzen: Ende Dezember bestellte die RBK bei Alstom 28 dreiteilige Zweisystem-Niederflurfahrzeuge vom Typ Regio-Citadis für die Regiotram, zehn davon sind Dieselhybrid-Fahrzeuge, die unter Gleichspannung sowie auf nicht elektrifizierten Strecken fahren können. Die Fahrzeuge werden im Werk Salzgitter gefertigt und sollen ab Ende 2003 ausgeliefert werden.

Monatelange Diskussionen gab es in Kassel um die Frage, wie die am Hauptbahnhof aus dem DB- ins städtische Netz eingefädelten Regiotrams künftig fahren werden. Inzwischen gilt als geklärt, dass auf eine Strecke zum zentralen Königsplatz verzichtet und eine Führung zum Tram-Knoten Stern (von dort kann man praktisch geradeaus weiterfahren in Richtung Hessisch Lichtenau) angestrebt wird. Die Regiotram-Problematik gipfelte zeitweise gar in der Frage, ob nicht alle Trams künftig aus der Königsstraße verschwinden sollten. Ein entsprechender Vorstoß des Stadtplaners wurde aber abgewehrt.

Auch das konventionelle Straßen- und Stadtbahnnetz in und um Kassel wird weiter ausgebaut. Vielleicht schon im Herbst 2003 sollen die Arbeiten zur Verlängerungsstrecke von der Endschleife Holländische Straße nach Vellmar beginnen (Ende 2004/Anfang 2005 könnten dann hier die Bahnen rollen). Vom Tisch sind dagegen Planungen, die Gemeinde Fuldatal über Ihringshäuser Straße durch eine Neubaustrecke anzuschließen; die Kommune hat dieses Vorhaben aus Kostengründen begraben.

Furore macht hingegen Folgendes: Die KVG ist von der Stadt beauftragt worden, die Machbarkeit einer Straßenbahn zum Herkules zu prüfen. Dabei geht es nicht um eine eigenständige Anlage wie bei der alten Herkulesbahn, sondern um eine in Spurweite etc. zum vorhandenen Netz kompatible Linie.

Zum Fahrzeugpark: Alle 27 gemäß EBO ausgestatteten Niederflurwagen des neuen Typs 8NGTW waren bis zur Eröffnung der Lossetalbahn angekommen. Zehn davon gehören offiziell der RBK (Einrichtungswagen, Nummern 613-622), die anderen der KVG. Als erste waren 1999/2000 die Wagen 601-612 (Einrichtungswagen) eingetroffen, als letzte kamen die fünf Zweirichtungswagen (631-635). Noch im Einsatz waren auch 2001 die beiden letzten alten sechsachsigen Einrichtungs-Gelenkwagen 354 und 355 von Credé samt Beiwagen (auf Linie 1). Außerdem stehen 22 N8C und 25 NGT6C zur Verfügung. ■

Zwischen Kassel Hbf. (Foto) und Warburg fährt die Regiotram im Vorlaufbetrieb mit Saarbrücker Wagen
W. Klee

Mainz

Nachdem im Vorjahr das Liniennetz für Busse und Bahnen völlig umgestellt wurde, nutzte das 100%ige Tochterunternehmen der Stadtwerke Mainz AG, die Mainzer Verkehrsgesellschaft (MVG), den Fahrplanwechsel am 10. Juni 2001, um sich und das neue MVG-Logo am Vortag mit einem so genannten „Gratis-BUSsi-Tag" der Öffentlichkeit zu präsentieren. Inzwischen tragen alle Busse und Straßenbahnen das neue Logo. Ansonsten gab es kaum Veränderungen: Auf einigen Linien wurde das Angebot verdichtet, zudem bekamen einige Haltestellen neue Namen bzw. Namenszusätze.

Die Linie 50 beginnt in Hechtsheim/ Bürgerhaus und fährt über Jägerhaus, Hauptbahnhof und Gemarkungsgrenze bis Finthen/Römerquelle. Die Linie 51 nimmt bis Gemarkungsgrenze den gleichen Weg, fährt dann aber nach Finthen/ Poststraße. Die Linie 52 verbindet hingegen Hechtsheim/Am Schinnergraben mit Bretzenheim/Bahnstraße. Die Linienführung der 52, die vom Jägerhaus bis zum Hauptbahnhof die gleiche Strecke benutzt wie die Linien 50 und 51, ermöglicht ein erst im Oktober 1999 verlegtes Gleisdreieck am Mainzer Hauptbahnhof.

Im Februar 2001 hat der Umbau der Gaustraße mit dem Abriss der ersten Gebäude begonnen. Voraussichtlich 2003 werden dort die Straßenbahnen zweigleisig entlang rollen können. Vorerst wird dieser Steilstreckenabschnitt – ampelgesteuert – in Gleisverschlingung befahren.

Im Oktober 2001 haben die auf acht Jahre terminierten Ausbauarbeiten am so genannten Mainzer Ring begonnen. Im Zuge des Ausbaus dieses stark frequentierten Autobahnabschnittes werden auch die Straßenbahngleise zwischen Kurmainz-Kaserne und Jägerhaus völlig umgestaltet.

Um eine Anbindung der Stadt Mainz an die geplante Wiesbadener Stadtbahn brauchen sich Stadtspitze und MVG-Vorstand indes keine Gedanken mehr zu machen. Die seit den hessischen Kommunalwahlen im März 2001 in Wiesbaden an der Macht beteiligten Liberalen haben dem Koalitionspartner CDU das Aus für das Stadtbahn-Projekt abgerungen. Ein Bürgerentscheid zu Gunsten der Stadtbahn scheiterte im Sommer auf Grund der zu geringen Beteiligung.

Der MVG-Fahrzeugpark hat sich gegenüber dem Vorjahr nicht verändert. Weiterhin bewältigen die sechzehn 1996 und 1997 gelieferten Adtranz-Triebwagen vom Typ GT6M-ZR sowie die sechs M8C (Baujahr 1984) und vier M8S-Triebwagen (Baujahr 1976) den Gesamtverkehr auf den drei Linien. Die Beschaffung von fünf Straßenbahnen ist zwar weiterhin vorgesehen, wurde bislang jedoch nicht bewilligt. Der im August 2000 bei einem Zusammenstoß mit einem Linienbus schwer beschädigte Triebwagen 275 konnte im Mai 2001 nach monatelangem Werkstattaufenthalt wieder eingesetzt werden. ■

Immer mehr Mainzer Wagen kommen mit Ganzwerbung zum Einsatz, Wagen 216 zeigt dabei noch eine sehr dezente Version W. Klee

Mainzer Verkehrsgesellschaft (MVG)
Mozartstraße 8
55118 Mainz
www.mvg-mainz.de

Streckennetz:

Linien	*3*
Spurweite	*1000 mm*
Linienlänge	*36,0 km*

Fahrzeuge:

Triebwagen	*26*
Museumswagen	*1*

Betriebshöfe: 1

Die Saarbahn (hier an der Brücke über die DB-Gleise westlich des Hbf.) soll schon bald bis Völklingen rollen
W. KLEE

Ludwigshafen

Wegen der engen Verzahnung mit dem benachbarten Nordbaden finden Sie Ludwigshafen (VBL und RHB) zwischen Karlsruhe und Mannheim im Kapitel Baden-Württemberg auf Seite 76. ■

Saarbrücken

Saarbahn GmbH
Hohenzollernstraße 104–106
66117 Saarbrücken
www.saarbahn.de

Streckennetz:

Linien	*1 km*
Linienlänge	*24,3 km*
Spurweite	*1435 mm*

Fahrzeuge

Triebwagen	*28*

Betriebshöfe 1

Am 23. September 2001 erreichte die erste offizielle Stadtbahn Riegelsberg-Süd. Die Riegelsberger hießen ihre Stadtbahn durchaus herzlich willkommen, auch wenn einige Bürger den Weiterbau durch den Ort immer noch ablehnen. Die fünf Kilometer lange Strecke durch topographisch interessantes, aber weitgehend unbebautes Terrain kostete 38 Mio. DM und hat nur eine Zwischenhaltestelle.

Auch in 2001 versuchten interessierte Kreise wiederholt, den Weiterbau der Saarbahn durch Riegelsberg und weiter nach Lebach in Frage zu stellen. Deshalb ließen die Stadt Lebach, die Gemeinde Heusweiler und die Stadtbahn Saar GmbH die Fahrgastprognosen der standardisierten Bewertung von 1993 für den Abschnitt Heusweiler – Lebach erneut gutachterlich überprüfen. Dabei ergab sich, dass unter den heutigen Bedingungen gegenüber 1993 sogar mit einem doppelt so großen Fahrgastpotential zu rechnen ist! Demzufolge würde die Saarbahn auf diesem Abschnitt täglich von ca. 4500 Fahrgästen genutzt werden.

Der weitere Zeitplan geht bisher davon aus, im zweiten Quartal 2002 mit dem Bau in Riegelsberg zu beginnen, der zum Jahresanfang 2004 abgeschlossen sein soll. Aufgrund des zeitversetzten Baubeginns soll die Saarbahn bereits Ende 2004 auch schon Lebach (Wiederinbetriebnahme einer Eisenbahnstrecke) erreichen.

Den weiteren Ausbau der Saarbahn zeichnet ein Gutachten des Wirtschaftsministerium vor: Die Saarbahn-Verbindung der Landeshauptstadt mit Völklingen und der direkte Anschluss ans Weltkulturerbe Alte Völklinger Hütte wird bereits planerisch vorbereitet. Erste Züge könnten schon 2003 bis Völklingen rollen. Die Strecke soll über die so genannte Rotfeld-Kurve im Unteren Malstatt geführt werden und dort auf die DB-Strecke in Richtung Völklingen – Saarlouis aufgleisen. Im Osten Saarbrückens soll eine Verbindung von der jetzigen Linie 1 ab Römerkastell über Schafbrücke und Scheidt nach St. Ingbert geplant werden. Dabei soll die Saarbahntrasse entlang der B40 ab Römerkastell bis zum Ortsausgang Schafbrücke weitergebaut werden. Bis Schafbrücke liegt auch schon eine Förderzusage vom Bund vor. Dort ist eine Aufgleisung auf die bestehende DB-Strecke vorgesehen bzw. es muss zwischen Schafbrücke und Scheidt ein drittes Gleis gebaut werden.

Auch aus dem Wirtschaftsministerium sind inzwischen insgesamt wieder positive Töne in Sachen Saarbahn zu hören. Die Saarbahn soll zum Rückgrat des saarländischen Nahverkehrs ausgebaut werden, Minister Georgi spricht sogar schon von der „Saar-Moselle-Bahn«, die weiter ins französische Forbach fährt und die Euroregion besser vernetzt. Dafür fehlen bisher u.a. aber noch einheitliche Richtlinien. Im Oktober haben Saarbahn und UITP (Union Internationale des Transports Publics, weltweiter Verkehrsverband mit Sitz in Brüssel) sowie Rail Consult deshalb die Mammutaufgabe begonnen, Grundsätze einer einheitlichen Richtlinie für den Bau und Betrieb von Straßen- und Stadtbahnen zu erarbeiten. Diese soll zunächst in Deutschland, Frankreich und Luxemburg gelten und später Grundlage für eine europaweite Vereinheitlichung werden. Die Saarbahn bringt ihre Erfahrungen beim Bau eines Saarbahnzuges mit Dreisystem-Technik ein, der sowohl das Eisenbahnnetz der Deutschen Bahn als auch der französischen SNCF und gleichzeitig Straßenbahnnetze befahren kann. Mit diesem rollenden Beweis möchte das Unternehmen die trilateralen Verhandlungen schnell voran bringen. Das entsprechende Dreisystemfahrzeug ist inzwischen sogar schon preisgekrönt: Im Mai 2001 erhielten Saarbahn und SNCF auf dem UITP-Weltkongress in London eine Auszeichnung für zukunftsweisende, den ÖPNV voranbringende Projekte mit möglichst internationalem Bezug.

Im Geschäftsjahr 2000 beförderte die Stadtbahn rund zehn Millionen Fahrgäste, das entspricht einer Steigerung um 11,3 Prozent. Fahrgastzählungen haben ergeben, dass inzwischen über 40.000 Fahrgäste täglich (montags bis freitags) mit der Saarbahn fahren. Im Zuge der Liberalisierung des ÖPNV-Marktes wurde in 2001 der Betriebsübergang der Saartal-Linien (Bus) auf die Stadtbahn Saar bzw. Saarbahn eingeleitet. ■

Haltestelle Landesfunkhaus: Combino-Traktion fährt auf der Neubaustrecke zur Erfurter Messe
K. Reichenbach

Erfurt

Die Verwirklichung des Stadtbahnkonzeptes schreitet weiter voran. Seit Übergabe des zweigleisigen Streckenabschnitts „ega" – P+R-Platz Messe (Länge 1,6 km) am 18. August 2001 verkehrt die Linie 2 jetzt zwischen Ringelberg und Messe. Die Verkehrsbedienung des Messegeländes hat damit eine entscheidende Verbesserung erfahren, zugleich wurden die dortigen Parkplatzkapazitäten durch die Bahn für die Innenstadt nutzbar gemacht. Die Haltestelle Messe verfügt stadtwärts über zwei Haltestellen-Bahnsteige.

Wenige Tage zuvor, am 9. August 2001, war der Nahverkehrsknoten Europaplatz mit Tür-an-Tür-Umsteigemöglichkeit Straßenbahn-Bus in Betrieb genommen worden; er ist gewissermaßen aus der Gleisschleife Ulan-Bator-Straße entstanden.

Eine umfassende Erneuerung von Hauswand zu Hauswand mit erneuerten Medienleitungen, Fahrbahn- und Gehwegbelägen sowie Gleisanlagen erfuhr im Innenstadtbereich die Johannesstraße zwischen Meienbergstraße und Juri-Gagarin-Ring auf einer Länge von 0,7 km.

Erfurter Verkehrsbetriebe AG (EVAG)
Postfach 101855
99018 Erfurt
www.evag-erfurt.de

Streckennetz	
Linienzahl	6
Linienlänge	53,1 km
Spurweite	1000 mm
Fahrzeuge	
Triebwagen	116
Betriebshöfe	3

Geraer Verkehrsbetrieb GmbH
Zotzbergstr. 3
07551 Gera
www.gvbgera.de

Streckennetz

Linienzahl	2
Linienlänge	25,9 km
Spurweite	1000 mm
Fahrzeuge:	
Triebwagen	52
Betriebshöfe	1

Die Bauarbeiten, im Februar 2001 aufgenommen, konnten mit der Übergabe am 17. November 2001 abgeschlossen werden. Die Haltestellen Futterstraße und Augustinerstraße sind niederflur- und behindertengerecht ausgeführt.
Nach fast 23jähriger Unterbrechung fährt die Straßen-/Stadtbahn jetzt wieder vom Domplatz über Mainzerhofplatz – Brühler Straße zum Benaryplatz (zweigleisig, 1,1 km lang). Der letzte Verkehrstag im Brühl war damals am 11. Dezember 1978 gewesen und der erste Linienverkehrstag nun am 24. November 2001. Ein weiterer Abschnitt des Stadtbahnprogramms ist damit Wirklichkeit geworden.
Am Hauptbahnhof erfolgte am 22. September 2001 der offizielle erste Spatenstich für den Um-/Neubau des Hauptbahnhofs Erfurt. Damit sind auch neue Trassierungen für die Stadtbahn erforderlich. Für 2002 ist der Baubeginn der Stadtbahnstrecke Hauptfriedhof – Flughafen – Bindersleben vorgesehen.
Der Wagenpark umfasst derzeit 93 KT4D, 16 Niederflur-Gelenktriebwagen MGT6D und sieben NFGT6 (Combino). Die weitere Beschaffung von Niederflur-Gelenktriebwagen ist fest vorgesehen, wobei traktionsfähige Fahrzeuggrößen von 19 m und 32 m Länge Grundlage der Planungen sind. Damit wird ein optimaler Einsatz entsprechend dem Fahrgastaufkommen möglich. ■

Gera

Bei den Bemühungen der Stadtväter um eine Attraktivitätssteigerung der Stadt wird die Stadtbahn weiter eine wichtige Rollen spielen. Nach kontroverser Diskussion erhielt der GVB vom Stadtrat mit deutlicher Mehrheit grünes Licht, die Planungsarbeiten für die neue Stadtbahnlinie 1 aufzunehmen. Überzeugend waren dabei die engagierten Plädoyers von GVB-Chef Dr. Vornehm und dem Oberbürgermeister Ralf Rauch. Die Linienführung der Linie 1 wurde nochmals optimiert, jetzt soll die Strecke vom Stadtteil Untermhaus über den Hauptbahnhof und die schon fertiggestellte Innenstadtschleife weiter über die Reichsstraße nach Zwötzen geführt werden. 27.000 Bürger erhalten damit einen Schienenanschluss, sodass der GVB mit mehr Fahrgästen rechnet. Fünf Straßenbahnkurse werden künftig die heute noch zehn Buskurse ablösen und damit die Betriebskosten wesentlich senken! Die Fertigstellung der Gesamtstrecke wird bis 2006 rechtzeitig vor der Bundesgartenschau (2007) angestrebt. Im Frühjahr 2002 wird das Planfeststellungsver-

Alle 30 Minuten soll auf Geras Linie 3 ein Kurs mit bequemen Niederflur-Mittelwagen angeboten werden
F. MUTH

Die Erneuerung der Wendeschleife Waltershausen und der Gleise zwischen Marienglashöhle und Tabarz gestaltet sich für die Thüringerwaldbahn sehr aufwändig
F. MUTH

fahren eröffnet, Ende des Jahres sollen möglichst schon die Bagger anrollen.
Ein weiterer Schritt des Stadtbahnprogramms konnte in 2001 erfolgreich abgeschlossen werden: In der Berliner Straße/Leipziger Straße verfügt die Stadtbahn nun auch über eigene Bahnkörper und die Bürger freuen sich über den neu gestalteten Straßenabschnitt. Interessant am Rande: die Linie 3 wird nahe der bekannten Hausdurchfahrt auf 80 Meter Länge durch ein Kaufhaus überbaut.
Nach langem Hin und Her konnte der GVB endlich eine Ersatzlösung für die Ausrüstung weiterer KT4DMC zu KTNF8 finden, nachdem die CKD-Werke wegen Konkurs nicht mehr zur Verfügung standen. Nun erstellen verschiedene Firmen in Berlin die vierachsigen Mittelteile und fügen sie in Hallen der ehemaligen Waggon-Union mit den Geraer Fahrzeugen zusammen. Bis Januar werden dann fünf Fahrzeuge in Gera zur Verfügung stehen, so dass alle 30 Minuten auf der Linie 3 ein Kurs mit bequemen Einstiegsverhältnissen angeboten werden kann. ■

Gotha

Die kurze Neubaustrecke zum Krankenhaus war Ende 2001 weitgehend fertiggestellt und eine Eröffnung für den Fahrgastverkehr zum Fahrplanwechsel am 24. März 2002 vorgesehen. Daneben arbeitet das Unternehmen weiter fleißig an der Sanierung seiner Anlagen. Besonders aufwendig gestalteten sich die Erneuerung der Wendeschleife Waltershausen und der Gleise zwischen Marienglashöhle und Tabarz. Bei letzterer Maßnahme wurde vom 23. Juli für zwei Wochen wieder einmal Pendelverkehr mit den Düwag-Zweirichtungswagen nebst Busersatzverkehr durchgeführt.
Der Einsatz von Doppeltraktionen aus KT4D hat sich bewährt. Bis Dezember wurden aus Erfurt weitere sechs Fahrzeuge gleichen Typs angekauft. Die elf Jahre jungen Triebwagen sollen in Gotha angepasst werden und dann die Düwag-Zweirichtungswagen ersetzen. Der Gothaer Gelenkwagen 415 wurde in der Werkstatt überholt und soll zukünftig ebenfalls für den sehr ausgeprägten Sonderverkehr zur Verfügung stehen. ■

Thüringerwaldbahn und Straßenbahn Gotha GmbH
Waltershäuser Str. 98
99867 Gotha
www.waldbahn-gotha.de

Streckennetz	
Linienzahl	*4*
Linienlänge	*33 km*
Streckenlänge	*25 km*
Spurweite	*1000 mm*
Fahrzeuge	
Triebwagen	*30*
Betriebshöfe	*1*

In Lobeda sieht man es ganz deutlich: Jena verfügt über eines der modernsten Stadtbahn-Systeme F. MUTH

Bild Seite 61 oben: Mit der Ablieferung weiterer Niederflurwagen geht noch 2002 in Jena die Zeit der Zweiachser-Züge zu Ende S. VOCKRODT

Jena

Die Universitäts- und Technologiestadt im Osten Thüringens ist nicht nur eine der wenigen „Boomtowns" in Ostdeutschland, sondern besitzt auch eines der aktivsten und innovativsten Nahverkehrsunternehmen. Dabei ist Jena der letzte Stadt-Betrieb, der werktags planmäßig noch Zweiachser einsetzt. Doch mit Auslieferung der zweiten Serie von 14 GT6M-ZR von Bombardier (früher Adtranz) wird dieses – die Fahrgäste zumindest werden froh sein – 2002 zu Ende gehen. Jena wird dann ein Einwagentyp-Betrieb sein, denn die neuen Triebwagen 620 bis 633 sind ein praktisch unveränderter Nachbau der 1996/97 beschafften Wagen. Man hat sich bei JeNah vor allem aus Kostengründen (Unterhaltung, Ersatzteile) für diesen Weg entschieden, darüber hinaus haben sich die Niederflurwagen von Adtranz hier gut bewährt.

2001 konnte die Straßenbahn Jena ihr einhundertjähriges Bestehen feiern. Man tat dies Anfang April mit einer Festwoche, zu deren Höhepunkten zwei umfangreiche Fahrzeugkorsos am 6. und 7. April zählten. Neben eigenen Fahrzeugen hatte man aus Zwickau den historischen Triebwagen 7, aus Plauen die „Bier-Elektrische" und aus Naumburg den Lowa-Triebwagen 27 zum Jubiläum geholt. Zusätzlich lief auch der aus Neuchatel nach Jena gekommene Pferdebahn-Beiwagen 133 im Korso mit, um dann am 7. April stilecht als Pferdetram, die es in Jena nie gegeben hat, das alte Betriebshofgelände an der Dornburger Straße zu umrunden.

Auch 2002 wird der historische Triebwagen 26 an jedem letzten Samstag im Monat (zwischen dem 30. März und dem 26. Oktober) Stadtrundfahrten anbieten. Von Ende April bis Ende August können Interessierte daran anschließend für 20 Euro den Schein eines Ehrenstraßenbahnführers erwerben. Ebenfalls Samstag plant man die in 2001 erfolgreich eingeführten Kulturveranstaltungen mit Konzerten, Lesungen etc. in der Tram fortzusetzen. Dabei arbeitet der Betrieb eng mit lokalen Kulturveranstaltern wie

Jenaer Nahverkehrsgesellschaft mbH (JeNah)
Dornburger Straße 17
07743 Jena
www.jenah.de

Streckennetz

Linienzahl	*5 (Tag)*
Linienlänge	*60,9 km*
Spurweite	*1000 mm*
Streckenlänge	*21,9 km*

Fahrzeuge

Triebwagen	
	19 Niederflur
	20 Zweiachser
Beiwagen	*26*
Betriebshöfe	*2*

dem Film e.V. zusammen, mit denen man gemeinsam Ende November Buster Keatons „General“ mit Livemusik im alten Straßendepot aufführte.
Auch 2002 wird der neue Betriebshof Burgau weiter ausgebaut werden. Bis 2006 soll hier der gesamte Straßenbahn- und Busfahrzeugpark gewartet werden. Ob der alte Betriebshof als Museum erhalten oder anderweitig genutzt wird, ist noch nicht entschieden. ■

Nordhausen

Das ÖPNV-Ereignis des Jahres – nach „100 Jahre Straßenbahn“ im Vorjahr – war die Übergabe des völlig neu gestalteten Bahnhofsvorplatzes am 8. Juni 2001. Überdachte Inselbahnsteige für Bus und Straßenbahn prägen das Bild. Autos, ausgenommen Busse und Taxen, dürfen den Platz nicht mehr befahren. Das Außengleis der zweigleisigen Straßenbahn-Haltestelle (parallel zur Nordseite des Platzes) wurde bereits mit einer Weiche (mit Tiefrillen-Herzstück) für die Gleisverbindung zum benachbarten Bahnhof der HSB (Harzer Schmalspur-Bahnen) ausgeführt. Die Bauarbeiten für diese Gleisverbindung begannen im vierten Quartal 2001.
Bemerkenswert ist der Ausblick für die Erneuerung/Umgestaltung der Bahnhofstraße – Rautenstraße bis Kornmarkt bis zum Jahre 2004, dem Jahr der Landesgartenschau in Nordhausen. Im Jahr 2001 begann die Sanierung der Rautenstraße im Abschnitt zwischen Sangerhäuser Straße und Weberstraße. Für 2002 ist geplant, die obere Bahnhofstraße von der Uferstraße bis zur Sangerhäuser Straße fertigzustellen. Als letzte Abschnitte werden im Jahr 2003 die Fußgängerzone Bahnhofstraße und der Abschnitt Rautenstraße von der Weberstraße bis einschließlich Kreuzungsknoten Kornmarkt saniert. In der Töpferstraße entsteht vor dem Theater eine neue Haltestelle.
Die Erneuerung des Wagenparks – erstmals seit 41 Jahren mit Neufahrzeugen – hatte zur 100-Jahr-Feier 2000 begonnen mit Combino-Triebwagen 101 („Bambino“), dem noch im gleichen Jahr Wagen 102 folgte. Die Inbetriebnahme von zwei Einrichtungs- und drei Zweirichtungs-Combinos ist für 2002 vorgesehen.

Stadtwerke Nordhausen
Postfach 100262
99722 Nordhausen
www.Stadtwerke-Nordhausen.de

Streckennetz	
Linienzahl	*2*
Linienlänge	*7,8 km*
Streckenlänge	*6,6 km*
Spurweite	*1000 mm*
Fahrzeuge	
Triebwagen	*13 (+ 1 „Twino“)*
Betriebshöfe	*1*

Am 8. Juni 2001 wurde der völlig neu gestaltete Nordhäuser Bahnhofsvorplatz seiner Bestimmung übergeben
K. Reichenbach

Oberelbische Verkehrsgesellschaft Pirna-Sebnitz
Clara-Zetkin-Straße 9
01796 Pirna
www.vvo-online.de

Streckennetz:

Linienzahl	1
Linienlänge	8 km
Spurweite	1000 mm

Fahrzeuge:

Triebwagen	4 (+ 3 hist.)
Beiwagen	6 (+ 1 hist.)

Betriebshöfe: 1

Bad Schandau

Als herausragendes Ereignis kann für das Jahr 2001 bei der Kirnitzschtalbahn vermeldet werden, dass der Betrieb unfallfrei und sogar ohne Blechschäden durchgeführt werden konnte. Kurzum, die Sache geht ihren Gang, weiterhin wird das nostalgische Ambiente dieser Bahn für den Touristenverkehr liebevoll gepflegt. Veränderungen sind hier nicht abzusehen. Dabei gilt auch weiterhin, dass sich Straßenbahnfreunde die landschaftlich sehr schön gelegene Strecke nicht entgehen lassen sollten. ■

Chemnitzer Verkehrs-Aktiengesellschaft (CVAG)
Postfach 114
09001 Chemnitz
www.cvag.de

Streckennetz:

Linienzahl	5
Linienlänge	36,8 km
Spurweite	1435 mm

Fahrzeuge

Tatratriebwagen	16 T3D, 36 T3DM,
Tatrabeiwagen	16 B3D
Variobahnen	24 (davon 10 ZR)

Betriebshöfe 2 (+ hist. Btf. Kappel)

Chemnitz

Die Veränderung der Siedlungsstruktur der Stadt Chemnitz hat auch veränderte Fahrgastströme im ÖPNV zur Folge. Dem passt die Chemnitzer Verkehrs-Aktiengesellschaft (CVAG) ihr Angebot weiter an. Im Sinne attraktiver und gleichzeitig ökonomisch sinnvoller Nahverkehrsverbindungen wurde das Straßenbahnnetz mit dem 25. Februar 2001 verändert. Die Straßenbahnlinien 1 und 6, die von Schönau bzw. Altchemnitz verkehren, erhielten anstelle Gablenz den neuen Endpunkt Hauptbahnhof,

wogegen die Linie 5 jetzt von Hutholz nach Gablenz (bisher Hauptbahnhof) verkehrt. Die Linien 2 und 4 sind unverändert geblieben. Gleichzeitig wurde eine zusätzliche Farbkennzeichnung der Straßenbahnlinien (SL) eingeführt: SL 1 rot, SL 2 blau, SL 4 violett, SL 5 grün, SL 6 gelb.
Bauarbeiten an der Kaufhof-Galeria einschließlich des Parkhauses in der Rathausstraße bedingten vom 17. Mai bis 21. Juli 2001 eine Sperrung der Bahnsteige E, F, G und H, die Linien 1, 2, 5 und 6 wurden über die Bahnhofstraße geführt. Ab 22. Juli 2001 war wieder die normale Linienführung möglich, damit verbunden war auch die Einführung des neuen Fahrplanes: Die Nachtlinien SL 11 und 12 erfuhren eine Ergänzung durch die CL 13 und 14. Mit diesen vier Linien wird ein durchgehender Nachtverkehr mit den Anschlusszeiten 1.11, 2.22, 3.33 und 4.44 Uhr als Ersatz für die bisherigen Anschlüsse 1.30 Uhr und 4.40 Uhr durchgeführt.
„Mit der Linie 4 bald 3 Stationen weiter" ist das Motto der ersten Stufe des Konzeptes „Mobilität für Morgen – Das Netzprojekt der CVAG 2010". Im Januar 2000 hatten die Bauarbeiten für den Weiterbau der Trasse Stollberger Straße/Linie 4 begonnen. Mit diesem Streckenabschnitt (1,6 km lang bis zum Goetheplatz) kommt die Bahn dem Stadtzentrum näher. Auch dieser Streckenabschnitt ist als besonderer Bahnkörper von der bisherigen Endstelle Am Flughafen bis Richard-Wagner-Straße in Seitenlage und bis Goetheplatz in Mittellage ausgeführt. Mit der Inbetriebnahme der Neubaustrecke am 15. Dezember 2001 wurde die Buslinie 46 eingestellt. Im Abschnitt Goetheplatz – Omnibusbahnhof wird Schienenersatzverkehr (SEV 4) gefahren.
Auf der „Citybahn"-Strecke Chemnitz – Stollberg endete mit dem 9. Juni 2001 der

Bis zum Goetheplatz (im Hintergrund) führt der am 15. Dezember eröffnete neue Streckenabschnitt der Linie 4
K. REICHENBACH

Bild linke Seite: Die neue Zentralhaltestelle in der Chemnitzer City befindet sich unter dem Kragdach der neuen Kaufhof-Galeria
K. REICHENBACH

Einsatz von Diesel-Triebwagen der Karsdorfer Eisenbahn-Gesellschaft (seitdem Schienenersatzverkehr). Die Bauarbeiten zur Verknüpfung der Gleisnetze der CVAG und der Eisenbahn mit dem Ziel einer umsteigefreien Direktverbindung aus dem Umland in das Stadtzentrum begannen am 22. Mai 2000. Für diese neuen Bedingungen ist die Schleife Altchemnitz neu trassiert worden. Zwischen Altchemnitz und Stollberg erfolgt 2002 der Bau der Fahrleitungsanlage.
Auch die Regio-Variobahnen für die Citybahnstrecke rollen an. Sie unterscheiden sich neben der Farbgebung wegen ihrer Tauglichkeit für EBO-Strecken im Radprofil, Raddurchmesser und einer induktiven Zugsicherungsanlage (Indusi) von den reinen BOStrab-Variobahnen. Die Lieferung umfasst insgesamt sechs Wagen. Die Vorbereitung der Inbetriebnahme wie auch Wartung und Unterstellung werden im Auftrag der Citybahn Chemnitz GmbH von der CVAG erbracht. ■

Dresden

Mit Riesenschritten führen die Dresdner Verkehrsbetriebe (DVB) die Modernisierung ihres Straßenbahn-Wagenparks fort. Am 14. August 2001 setzten sie zum ersten Mal den siebenteiligen Stadtbahnwagen im Linienbetrieb ein. Der 42 Meter-Zug fuhr ab Postplatz als Linie 2 in Richtung Kleinzschachwitz, Dresdens Oberbürgermeister Ingolf Roßberg steuerte die neue Niederflurstraßenbahn in Begleitung eines Fahrlehrers. Zweieinhalb Monate nach der offiziellen Vorstellung beförderte der Typ NGT 8 DD damit zum ersten Mal Fahrgäste.
Die neue Niederflurstraßenbahn ist zwölf Meter länger als der schon in einer Zahl von 60 Stück eingesetzte Typ NGT 6 DD. Bis Jahresende 2001 lieferten Siemens und Bombardier elf der neuen Fahrzeuge, insgesamt 23 sind bestellt worden. Nach Ablieferung dieser Fahrzeuge (bis Mitte 2002) werden die DVB weitere neue Niederflurbahnen beschaf-

Dresdner Verkehrsbetriebe AG
Trachenberger Straße 40
01129 Dresden
www.dvb.de

Streckennetz:

Linienzahl	*12*
Linienlänge	*200 km*
Spurweite	*1450 mm*

Fahrzeugpark:

Niederflurwagen	*71*
Tatra-Triebwagen	*214*
Tatra-Beiwagen	*58*

Betriebshöfe: 4

Derzeit mit 42 m Dresdens längster Straßenbahnwagen: der NGT8DD
N. KUSCHINSKI

fen, bei denen man jedoch wieder zu Drehgestell-Fahrwerken zurückkehrt. Die neuen fünfteiligen Wagen von 45 m Länge werden aus zwei End- und einem Mittelmodul bestehen, welche auf jeweils zwei Drehgestellen rollen, dazwischen befinden sich zwei kürzere schwebende Module. Zum Lieferkonsortium, geführt von DWA Bautzen, gehört Bombardier/Adtranz als E-Ausrüster. Optional sind weitere 25 lange (45 m) und 25 kurze (30 m) Fahrzeuge des neuen modularen Niederflurgelenktriebwagens vereinbart. Die Auslieferung des ersten Fahrzeugs ist für Dezember 2002 geplant.

Die Fahrwerkstechnik mit Drehgestellen soll bessere Fahreigenschaften und eine höhere Schonung des Fahrwegs gewährleisten, die fünfteilige Konzeption erlaubt bei geringem Lichtraumbedarf eine optimale Beförderungskapazität. Weitere Vorteile bietet das aus der Fahrzeuggeometrie resultierende höhere Platzangebot, weil so ein 45 m langes Fahrzeug möglich wird.

Ihr Interesse bekunden die DVB an Hybridfahrzeugen, die unter Gleichstrom im Straßenbahnnetz und per Dieselmotor auf Eisenbahnstrecken eingesetzt werden können, eine Ausschreibung von zehn solcher Wagen wurde angekündigt. Die Fahrzeuge müssten Fahrwerke haben, die auf Eisenbahngleisen mit 1435 mm Spurweite wie auf DVB-Gleisen mit 1450 mm rollen und sich automatisch an den Systemwechselstellen anpassen. Zu weiteren Details, etwa den möglichen Einsatzstrecken, hält man sich bei den DVB noch bedeckt.

Mit Auslieferung neuer Niederflurbahnen sinkt der Bedarf an Tatra-Fahrzeugen. Nachdem die DVB schon im November 2000 16 T4D/B4D nach Galati (Rumänien) abgegeben hatten, folgten im Januar 2001 16 weitere, die ebenfalls nach Rumänien gingen, diesmal aber in die Stadt Botosani. Insgesamt standen Ende 2001 noch 214 Tatra-Triebwagen und 58 Beiwagen im Einsatzbestand.

Beim Fahrplan gab es nach der großen Umstellung im Vorjahr („Liniennetz 2000") diesmal nur geringere Änderungen. Zum Fahrplanwechsel am 10. Juni 2001 verbesserte die DVB AG vor allem den Abend- und Nachtverkehr. Die Angebotsverbesserung soll zum Fahrplanwechsel 2002 wieder auf den Prüfstand.

Von Juni bis November 2001 baute die DVB gemeinsam mit der Landeshauptstadt Dresden den Kreuzungsbereich des Albertplatzes und die Haltestelle an der Ostseite des Platzes aus, um die Leistungsfähigkeit dieses wichtigen Verkehrsknotenpunktes (fünf Straßenbahnlinien) zu erhöhen. Im Rahmen der Baumaßnahmen wurden die Weichen, Gleiskonstruktionen und Fahrleitungen im gesamten Kreuzungsbereich des Albertplatzes erneuert. Damit wurden auch die teilweise noch vorhandenen Begegnungsverbote für Stadtbahnwagen beseitigt. Moderne Fahrgastunterstände und elektronische Anzeigetafeln erhöhen den Komfort. Das gesamte Bauprojekt kostete rund 9,5 Millionen Mark.

Die Gläserne Manufaktur hat ihren Betrieb aufgenommen, die Cargo-Tram gehört damit zum Alltag
W. KLEE

Volkswagen hat am 11. Dezember 2001 nach fast zweieinhalbjähriger Bauzeit seine Gläserne Manufaktur für Luxuslimousinen in Dresden eröffnen. In das Prestigeprojekt des Wolfsburger Autokonzerns wurden rund 365 Millionen DM investiert. In der Fabrik werden vor den Augen der Kunden Luxusfahrzeuge aus vorgefertigten Teilen montiert. Just in time angeliefert werden die Teile durch die Cargotram, die damit zur ständigen Erscheinung auf dem DVB-Netz geworden ist und montags bis freitags etwa neun Mal täglich zwischen Gläserner Manufaktur und Logistikzentrum Friedrichstadt pendelt.
Die eigentlich für November 2001 geplante Wiederinbetriebnahme der Loschwitzer Schwebebahn verzögerte sich bis März 2002. Ein Aufzug an der Bergstation wird deren Dach erstmals für Besucher zugänglich machen. Außerdem lädt künftig auch der Balkon über dem Bahnsteigdach der Bergstation ein, den Ausblick über das Blaue Wunder und die Elbhänge zu genießen. Die DVB AG will die Wiedereröffnung mit dem 101. Geburtstag der Schwebebahn Anfang Mai 2002 gebührend feiern.
Die knapp 2000 Mitarbeiter der DVB haben im Jahr 2000 bei 137 Millionen Fahrgästen einen Umsatz von 136,9 Millionen Mark erzielt. Durchschnittlich fährt in Dresden jeder Einwohner 240 Mal pro Jahr mit öffentlichen Verkehrsmitteln – das ist in Deutschland ein Spitzenwert. Der Kostendeckungsgrad ist von 17 Prozent in 1990 auf 60 Prozent in 2000 gestiegen.
Für das Jahr 2002 planen die DVB Ende September ein großes Fest aus Anlass des 130jährigen Bestehens der Straßenbahn in Dresden. Auch soll dann ein Buch erscheinen, welches sich vorrangig mit den Ereignissen der letzten zwölf Jahre beschäftigt. ■

Verkehrsgesellschaft Görlitz GmbH (VGG)
Zittauer Straße 71/73
02826 Görlitz
www.vgg.stadtwerke-goerlitz.de

Streckennetz:

Streckenlänge	*12 km*
Linienzahl	*3*
Spurweite	*1000 mm*

Fahrzeuge:

Triebwagen	*21*

Betriebshöfe: ***1***

Bild Seite 67:
Der Ausbau der Straßen- zur modernen Stadtbahn bestimmt weiter die Planungen der LVB
S. Vockrodt

Görlitz

Im Rahmen der Privatisierung der Stadtwerke Görlitz durch Vivendi Environnement hat die zu Vivendi gehörende Connex-Gruppe ab 2001 die unternehmerische Führung bei der Stadtwerke-Tochter Verkehrsgesellschaft Görlitz übernommen. Görlitz ist damit der erste Straßenbahnbetrieb von Connex in Deutschland.

Am 7. März 2001 begannen die Arbeiten für die kurze, zweigleisige Neubaustrecke im Stadtteil Königshufen zwischen Haltestelle Alexander-Bolze-Hof, Königshufen Mitte und der Endschleife Königshufen/Am Marktkauf. Die Inbetriebnahme erfolgte am 18. Januar 2002. Das Liniennetz wurde wie folgt erweitert:

Linie 1: Weinhübel – Königshufen/Am Wiesengrund
Linie 2: Biesnitz/Landeskrone – Virchowstraße
Linie 3: Weinhübel – Königshufen/Am Marktkauf.

Auf allen Linien besteht im Tagesverkehr Montag bis Freitag ein 20-Minuten-Takt, so dass der bisher auf der Linie 1 angebotene Zehnminutentakt in Kombination mit der neuen Linie 3 auf einem Großteil der Strecke bestehen bleibt. Am Wochenende erfolgen jedoch Angebotseinschränkungen, u. a. verkehrt an Samstagen die Linie 1 nur mit einem Pendelwagen im 30-Minuten-Takt zwischen Demianiplatz und Königshufen/Am Wiesengrund. Im täglichen Abendverkehr wird neben der Strecke zur Virchowstraße nunmehr auch die Endstelle Königshufen/Am Wiesengrund nicht mehr durch Straßenbahnen angefahren.

Die Ende 2000 begonnene externe Instandsetzung und Neulackierung des Fuhrparks wurde im vergangenen Jahr mit den Triebwagen 15, 4 und 7 in der Werkstatt der Cottbusser Straßenbahn fortgesetzt. Zur Unfallinstandsetzung und Neulackierung wurde im Oktober 2001 Triebwagen 10 in die Werkstatt der Erfurter Straßenbahn gebracht.

Der im Jahr 2000 in Betrieb genommene GT6-Partywagen Nr. 22 wurde auf den Namen „Hopfenexpress" getauft; neben dem Partywagen verfügt der Betrieb auch über drei Museumswagen. Die beiden Linien-GT6 20 und 21 sind noch immer abgestellt vorhanden, letzterer kommt gelegentlich bei Sonderfahrten zum Einsatz.

Im Vorfeld der Euro-Einführung und des Inkrafttretens eines gemeinsamen Tarifs zum 1. Januar 2002 im Gebiet des Zweckverbandes Verkehrsverbund Oberlausitz-Niederschlesien (ZVON) wurden alle Fahrzeuge und die wichtigsten Haltestellen mit neuen Fahrscheinautomaten ausgerüstet. ■

Einer der gepflegten Görlitzer KT4D vor imposanter Kulisse am Postplatz
S. Feller

Leipzig

Mit dem 27. Mai 2001 ist das Leipziger Liniennetz von Grund auf umgestaltet worden, es ist seitdem vieles nicht mehr so, wie es lange gewesen war. Aus zuvor 18 im Zwanzigminutentakt verkehrenden Linien wurden zwölf Linien im Zehnminutentakt (auch die wichtigsten innerstädtischen Buslinien fahren jetzt im Zehnminutentakt), zwei Linien (13 und 14) im Zwanzigminutentakt und eine im Stunden- bzw. Halbstundentakt (18). Die Linien im Zehnminutentakt tragen die Nummer 1 bis 4, 7 bis 12, 15 und 16. Dabei gehen die LVB davon aus, dass die im Zehnminutentakt bedienten Linien diejenigen sind, die auch langfristig erhalten bleiben sollen. Die schwach belegten Straßenbahnstrecken wollen die LVB daraufhin abklopfen, ob diese selbst bei optimistischen Annahmen auf Dauer noch wirtschaftlich mit Straßenbahnen zu betreiben sind. Konkret ist bislang nichts, man wird die Erfolge (oder Misserfolge) des neuen Netzes abwarten. Hinzu kommen andere Dinge: Auch der nun feststehende Bau des City-Tunnels (unterirdische S-Bahn-Verbindung) wird natürlich nicht ohne Auswirkungen auf das Leipziger Straßenbahnnetz bleiben.

Das „Neue Netz" soll veränderten Tatsachen in der Siedlungs- und Industriestruktur Leipzigs Rechnung tragen: bis zum 26. Mai 2001 fuhren viele Bahnen dort, wo sie seit der Wende eigentlich schon nicht mehr gebraucht wurden (viele Betriebe sind geschlossen worden oder ausgelagert, zahllose Menschen haben die Stadtwohnung zugunsten eines Häuschens im Umland verlassen). Außerdem soll, so die LVB, das scheinbar Unmögliche gelingen: mit weniger Aufwand – man rechnet durch das neue Netz mit Betriebskosteneinsparungen von etwa 4,5 Mio. Mark – am Ende mehr

Fahrgäste zu gewinnen. Zwar lagen bei Redaktionsschluss für 2001 noch keine abschließenden Zahlen vor, der im Sommer 2001 vorgestellte Geschäftsbericht für 2000 zeigt jedoch ein Fortdauern des seit 1998 anhalten Aufwärtstrends. Insgesamt wurden im Geschäftsjahr 2000 96,2 Mio. Fahrgäste von den LVB befördert (Bus und Bahn), das sind 4,9 Mio. mehr als im Vorjahr. Die Einnahmen für die Beförderung der Fahrgäste im Linienverkehr betrugen im gleichen Zeitraum 85,1 Mio. DM und lagen damit um 1,1 Mio. DM über denen des Jahres 1999. Noch 1997 hatte das Kreditvolumen mit 112 Mio. DM einen negativen Spitzenwert erreicht, der bis zum Jahr 2000 auf 77 Mio. DM gesenkt werden konnte. Nicht zuletzt für diese Erfolge wurden die LVB im November 2001 als erstes öffentliches Unternehmen überhaupt mit dem Deutschen Marketingpreis ausgezeichnet.

Die größten Investitionsvorhaben im Infrastrukturbereich betreffen auch 2001/2002 vorrangig den schrittweise vorwärts schreitenden Ausbau der Stadtbahnlinien. 2001 stand die 15 im Vorder-

Leipziger Verkehrsbetriebe
Karl-Liebknecht-Straße 12
04107 Leipzig
www.lvb.de

Streckennetz:

Linienzahl	*15*
Streckenlänge	*151 km*
Spurweite	*1458*

Fahrzeuge:

Niederflur-triebwagen	*56*
Niederflur-beiwagen	*38*
Tatra-Triebwagen	*250*
Tatra-Beiwagen	*84*

Betriebshöfe: *4*

Durch die neuen Niederflurbeiwagen können die LVB auf mehr Linien mehr Komfort bieten S. VON MACH

grund: Seit 22. Oktober 2001 fahren die Straßenbahnen in der Kuhturmstraße zwischen Lindenauer Markt und Bhf. Angerbrücke zweigleisig. Parallel zur Eröffnung des zweigleisigen Straßenbahnverkehrs wurde der Linienbetrieb in der Dreilindenstraße eingestellt. Der Umbau der Linie 15 wird sich noch bis 2004/2005 hinziehen. 2002 wird wieder verstärkt an der Linie 11 gearbeitet. Als einzige komplett auf Stadtbahnbetrieb umgestellt ist bislang die Linie 16.

Die größten Investitionen bei den Fahrzeugen betrafen die Beschaffung der restlichen der 38 Niederflurbeiwagen. Bei den Triebwagen sind nur kleinere Veränderungen zu verzeichnen. Bis zum Jahresende wurden alle 167 modernisierten Tatra-Triebwagen (T4D-M) der LVB mit Fahrwerkschürzen zum Lärmschutz der Streckenanwohner ausgestattet, 2002 kommen die modernisierten Beiwagen an die Reihe. Die Nachrüstung eines Fahrzeuges kostet rund 5.500 DM. Der erste aufgerüstete Wagen ist der Sonderwagen mit dem Namen „Gläserner Leipziger". Er fährt seit dem 29. September 2001 durch Leipzig im Liniendienst und sonnabends Stadtrundfahrten. Es handelt sich dabei um einen modernisierten T4D und trägt die Wagennummer 1700. Ein zweiter derartiger Triebwagen (1800) war zu Jahresende in Arbeit.

Ältere bzw. nicht modernisierte Fahrzeuge geben die LVB in größerer Zahl ab. Noch vor Weihnachten 2001 wurden insgesamt 17 Tatratriebwagen sowie 17 Tatrabeiwagen der Baujahre 1976 bis 1982 nach Craiova in Rumänien geliefert. Die Fahrzeuge hatten in mehr als 20 Jahren in Leipzig zusammen rund 16 Millionen Kilometer zurückgelegt und waren in den Jahren 1998/2000 ausgemustert worden. Der Kaufpreis pro Fahrzeug beträgt 999,– DM, inklusive Ersatzteile. Alle Wagen sind einsatzfähig, müssen jedoch noch an Liniennetz und Spurbreite angepasst werden.

Zum Jahresende verfügten die LVB noch über ca. 50 nicht modernisierte T4D und etwa halb so viele nicht modernisierte Beiwagen, über 35 T6A2 (mit 14 Beiwagen) sowie die 56 Niederflurwagen. Die 38 bestellten Niederflurbeiwagen sollten Ende Anfang 2002 komplett einsatzbereit sein.

Kurz vor Weihnachten überraschten die Leipziger Verkehrsbetrieb mit der Mitteilung, dass man sich gemeinsam mit der Hamburger Hochbahn um den Betrieb der ersten Linien des zur Ausschreibung stehenden S-Bahn-Systems Leipzig/Halle bewerben wird. ■

Plauen

Der Linienverkehr der Straßenbahn erfuhr auch im Jahre 2001 durch die Bauarbeiten im Zentrum vielfache und z.T. gravierende Veränderungen, wie die Netztrennungen in Nord- und Südteil. Von vielfältigen Schienenersatzverkehren bis zum Gleisprovisorium Syrastraße, befahren vom 25. Juni 2000 bis 16. März 2001, reichten die Maßnahmen, die an die Plauener Straßenbahn (PSB) und die Geduld der Fahrgäste hohe Anforderungen stellten.

Am 27. September 2001 wurde die „Infra-

Bild links:
Im Juni 2001 feierte die Vogtland-Stadt das Jubiläum „25 Jahre KT4D-Triebwagen in Plauen“
K. REICHENBACH

Bild oben rechts:
Alles neu: Zentralhaltestelle („Tunnel“) an der Stadt-Galerie im Herzen von Plauen
K. REICHENBACH

strukturmaßnahme Stadtzentrum Plauen“, d.h. die zusammengefassten Baumaßnahmen im Zusammenhang mit dem Bau des Einkaufszentrums „Stadt-Galerie“, offiziell übergeben. Dieser Übergabe folgte am 2. Oktober 2001 die Eröffnung der „Stadt-Galerie“ mit über 80 Fachgeschäften.

Mit den Verkehrsbaumaßnahmen entstanden, parallel zur Stadt-Galerie gelegen, für die Linien 2, 4, 5 und 6 die Bahnsteige A und B und für die Linie 3 parallel dazu die Bahnsteige C und D. Die Bahnsteige E und F für die Linie 1 befinden sich vor dem Theatercafé. Sämtliche Bahnsteige (Höhe 200 mm) haben Glasüberdachungen. Zwischen dem PSB-Servicegebäude und Bahnsteigen A bis C ist ein Glasquerdach errichtet worden. Die Bahnsteige sind mit Regenschutznischen, Informationstafeln sowie acht akustischen und visuellen Fahrgastinformationseinrichtungen (DFI) ausgestattet. Zum Jahresende 2001 sollten insgesamt 64 Anzeigen installiert sein.

Ab 20. Juli 2001 war der reguläre Linienverkehr wieder möglich:

Linie 1: Neundorf – Plamag (Mo–Fr)
Linie 2: Unt. Bf. – Ob.Bf. (Mo–Fr)
LT: Unt. Bf. – Tunnel (Mo–Fr abends, Sa u. So)
Linie 3: Waldfrieden – Neundorf
Linie 4: Reusa – Plamag
Linie 5: Preißelpöhl – Südvorstadt
Linie 6: Waldfrieden – Ob.Bahnhof
Bus-L A Stadtpark – Chrieschwitz

Mit den umfangreichen Gleisbauarbeiten war ein Fahrgastrückgang von drei Prozent verbunden. Mit dem Marketingkonzept „Das Besondere in Plauen ....“, bei dem die bekannten Figuren „Vater & Sohn“ von Erich Ohser (e.o.plauen) für das Straßenbahnfahren werben, wird eine Wende angestrebt.

Ein gleichfalls nicht unkompliziertes Bauvorhaben, die komplexe Erneuerung der Verkehrsanlagen mit Gleisen, Fahrbahnen, Fußwegen, Haltestelleneinrichtungen und Medien/Versorgungs- und Entsorgungsleitungen von der Haltestelle Vogtlandklinikum – Röntgenstraße/Reusaer Straße – bis Haltestelle Suttenwiese wurde Ende des Jahres 2001 abgeschlossen. Auf diesem Abschnitt verkehrt die Linie 4 seit 2. Juli 2001 wieder zweigleisig. Zeitgleich mit dem 42. Plauener Spitzenfest wurde am 16. und 17. Juni 2001 das Jubiläum „25 Jahre KT4D-Triebwagen in Plauen“ mit Korso-Fahrten gewürdigt. Zugleich wurde die RBL-Leitstelle (Am Hradschin Nr. 1) vorgestellt. Die Veranstaltung wurde vom Traditionsverein der Plauener Straßenbahn e.V. mit Unterstützung der Plauener Straßenbahn GmbH sowie einem Werbestudio durchgeführt. ■

Plauener Straßenbahn GmbH (PSB)
Postfach 100273
08506 Plauen
www.strassenbahn-plauen.de

Streckennetz:

Liniezahl	*6*
Linienlänge	*34,9km*
Spurweite	*1000mm*

Fahrzeuge:

Triebwagen	*42*
Betriebshöfe:	*1*

Städtische Verkehrsbetriebe Zwickau (SVZ) GmbH
Postfach 200936
08009 Zwickau
www.svz-nahverkehr.de

Streckennetz:

Linienzahl	3
Linienlänge	19,1 km
Spurweite	1000 mm

Fahrzeuge:

Triebwagen	35

Betriebshöfe: 1

Zwickau

Mit dem Tag der offenen Tür der Städtischen Verkehrsbetriebe Zwickau GmbH (SVZ) am 16. und 17. Juni 2001 wurden die Jubiläen „10 Jahre SVZ" und „75 Jahre Kraftomnibusbetrieb der Städtischen Verkehrsbetriebe" gewürdigt. Ein umfangreiches Programm erwartete die Besucher auf dem Betriebshof Schlachthofstraße. Ein besonderer Anziehungspunkt waren die angereisten historischen und modernen Busse. Reges Interesse fanden die Korsofahrten am Samstag und Sonntag. Besichtigungen der Straßenbahnwerkstätten rundeten das Bild ab. Maßgeblichen Anteil an den gelungenen Veranstaltungen hatte der Verein „Freunde des Nahverkehrs Zwickau" e.V., unterstützt durch die SVZ GmbH.
Der KT4D-Wagenpark erfährt eine weitere Modernisierung mit der Umrüstung von Beschleuniger- auf Choppersteuerung, was zu einem verminderten Energiebedarf der Fahrzeuge führt. Die ersten sieben der insgesamt 23 Fahrzeuge wurden 2001 umgerüstet.
Auch im Jahre 2001 gab es wieder attraktive Dreischienengleis-Fahrten in Zwickaus Innenstadt. Anlässlich des Jubiläums „150 Jahre Göltzschtal-/Elstertalbrücke" war ein Dampfzug-Sonderverkehr mit der Dresdener 89 6009 mit Windbergbahn-Wagen von Zwickau Zentrum bis Herlasgrün das herausragende Ereignis.
Eine Befahrung von traditionsreichen „Ferkeltaxi"-Strecken mit Ausgangspunkt Zwickau Zentrum bis Göttengrün und Schleiz führten am 27. Oktober 2001 die Lugauer Eisenbahnfreunde durch. Dabei kam es zur Begegnung in Zwickau Zentrum mit dem historischen Triebwagen 92.
Die innovative Verkehrslösung Dreischienengleis von Zwickau Glück Auf Center bis Zwickau Zentrum mit getaktetem Stadt- und Regionalbahnverkehr, auch als „Zwickauer Modell" bekannt, erfuhr eine hohe Würdigung. Beim 13. ADAC-Städtewettbewerb 2001 unter Schirmherrschaft des Bundesverkehrsministers (Thematik „Erreichbarkeit von Zentren und Innenstädten") konnte Oberbürgermeister Vettermann am 8. November 2001 in Berlin einen Bundespreis entgegennehmen.
Für den zweiten Bauabschnitt der Stadtbahntrasse von der Wendeschleife Glück Auf Center bis Wendeschleife Neuplanitz wird ein Baubeginn im ersten Halbjahr 2002 angestrebt. ■

Von der Schleife „Glück Auf Center" wird 2002 weitergebaut bis Neuplanitz. K. Reichenbach

Die vier Geamatik-GT8 (Nr. 201-204) absolvierten am 19. August 2001 ihre Abschiedsfahrt im Freiburger Netz
F. B. Timm

Freiburg

Angenommen, Freiburg hätte sich, als die Entscheidung um die Straßenbahn anstand, gegen ihren Aus- und Weiterbau entschieden: Die Stadt an der Dreisam wäre heute längst im Autoverkehr erstickt. Mit dem Entschluss, die Bahnen beizubehalten und die Innenstadt konsequent zu einer attraktiven Fußgängerzone auszubauen, wurde ein Gutteil von dem geschaffen, was in und um Freiburg Lebende an der viertgrößten Stadt Baden-Württembergs schätzen – sie hat Flair. So war es denn auch kein Wunder, dass zum 100. Geburtstag der Freiburger Straßenbahn im Herbst 2001 Tausende kamen und bei schönstem Herbstwetter einen Tag mit zahllosen Sonderfahrten kreuz und quer durch die Stadt genossen. Beachtlich ist, dass jeder Freiburger im Schnitt 0,8 Mal am Tag ein Verkehrsmittel der Freiburger Verkehrs AG benutzt; insgesamt zählte die Freiburger Verkehrs-AG (VAG) im Jahr 2000 65 Mio. Passagiere. Diesen Wert, so die VAG, habe man nach Jahren der Stagnation auf hohem Niveau im Jahr 2001 noch steigern können, nämlich um rund vier Prozent gegenüber dem Vorjahr.

Da liegt es auf der Hand, dass sich die geplanten Netzausbauten lohnen werden. Die Stadtbahn nach Haslach ist kräftig im Bau, bis 2006 soll die Linie in den Vauban, einen nach Abzug der Franzosen neu entstehenden Stadtteil, entstehen. Gleich nebenan liegt Merzhausen; auch hier wünscht man sich einen Stadtbahnanschluss. Der Freiburger Stadtteil St. Georgen steht ebenfalls auf der Liste, auch die Verbindung Zähringen – Gundelfingen. Dort entstünde eine sinnvolle Verknüpfung mit den Strecken der Deutschen Bahn. Diese ließen sich auch auf einer weiteren Strecke schaffen: Die

Freiburger Verkehrs AG
Besanconallee 99
79122 Freiburg
www.vag-freiburg.de

Streckennetz:

Linien	*4*
Linienlänge	*34,9 km*
Spurweite	*1000*

Fahrzeuge:

Triebwagen	*64*

Betriebshöfe: *1*

Vauban-Linie soll vom Fahnenbergplatz am nördlichen Ende des Bahnhofs vorbei zur Berliner Allee, möglicherweise zur Neuen Messe und Teilen der Universität gelegt werden.

Gestritten wurde auch: Sollten die noch entstehenden Linien ebenfalls über den Bertoldsbrunnen in der Stadtmitte geführt oder eine weitere, neu zu bauende Trasse errichtet werden? Schließlich setzte sich eine Linie durch, die im Prinzip einleuchtet und der Innenstadt weitere Entwicklungsmöglichkeiten schafft: Der Rotteckring wird in Höhe Stadttheater/Universität unterbrochen. Die Vauban-Linie wird durch den Rotteckring zum Fahnenbergplatz geführt, damit entsteht zusätzlich eine Ausweichstrecke zum Nadelöhr am Bertoldsbrunnen.

Für die neuen Strecken braucht es neue Fahrzeuge. Zunächst trennte sich die VAG aber von ein paar alten: Die vier Geamatik-GT8 (Nr. 201-204) absolvierten am 19. August 2001 ihre Abschiedsfahrt im Freiburger Netz. Damit verlassen die ersten Stadtbahnwagen Freiburg wieder. Mehr oder weniger deutlich war zu hören, die fehlende Niederflureinrichtung einerseits und die knifflige Geamatik-Steuerung andererseits (für die nicht jeder Fahrer ausgebildet ist) seien die Gründe für die Ausmusterung; mit rund drei Jahrzehnten Einsatzzeit haben die Fahrzeuge aber ohnehin ein problematisches Alter erreicht. In Freiburg bleibt man beim Combino – trotz Ärger. Es gab deutliche Beschwerden über das Fahrverhalten der ersten neun Triebwagen, weitere neun (in der neueren Variante) sind bestellt, die Probleme sollen besser gelöst sein.

Teil des Erfolgs der VAG ist der Freiburger Verkehrsverbund. Der Verkehrsverbund wiederum wäre nicht denkbar ohne die Umweltkarte (heute heißt sie Regiokarte). Die Regiokarte feierte im Jahr 2001 ihren zehnten Geburtstag. ■

Heidelberg

Heidelberger Straßen- und Bergbahn AG
Bergheimer Str. 155
69115 Heidelberg
www.hvv-heidelberg.de

Streckennetz

Linien	4
Linienlänge	32,8 km
Spurweite	1000 mm

Fahrzeuge

Triebwagen	37

Betriebshöfe	1

Ein weiteres Jahr verging in Heidelberg ohne konkrete Schritte zur Ausdehnung der gegenüber Bussen wirtschaftlich effizienteren Straßenbahn. Der im Herbst 2001 mit hauchdünner Mehrheit nach langen Verhandlungen endlich verabschiedete Verkehrsentwicklungsplan sieht die 1993 schon einmal beschlossenen Erweiterungsprojekte nun in einfacherer Form vor. (Verwirklicht wurde bekanntlich seinerzeit nur der Lückenschluss Berliner Straße.) Konkrete Beschlüsse sind angesichts der Mehrheitsverhältnisse aber wenig wahrscheinlich. Der konservativen Stadtratsmehrheit gelang es stattdessen, fünf kostspielige Straßentunnel im Verkehrsentwicklungsplan festzuschreiben.

Zwar ist formell nun die Wiederanbindung der für das Tramnetz zentralen Strecke in die Altstadt beschlossen, doch die dürfte in absehbarer Zeit kaum verwirklicht werden. Die Festlegung auf eine Führung über das Neckarufer bedeutet de facto sogar, dass die Straßenbahn nicht einmal mehr den zentralen Uniplatz anfahren und damit auch künftig die Innenstadt praktisch umfahren würde.

Auch die Neubaustrecke nach Kirchheim hat mit diesem Beschluss allenfalls eine kleine Hürde genommen. Erst einmal müssen das laufende Planfeststellungsverfahren und speziell die Bürgereinwendungen abgewartet werden.

Eine dritte Straßenbahnstrecke soll das neue Universitätsgelände im Neuenheimer Feld anbinden. Gewählt wurde hier die betrieblich weniger günstige Variante einer Stichstrecke (erfordert eine zusätzliche Linie), gegen die es aber immerhin kaum Widerstand gibt. Diese Strecke hat daher auch die größten Chancen auf Verwirklichung.

Ende das Jahres wurde schließlich bekannt, dass der Straßenbahnbetriebshof auf dem städtebaulich lukrativen, zentral gelegenen Schlachthofgelände durch einen Neubau auf dem Stadtwerkegelände im Pfaffengrund ersetzt werden soll. Die Beantragung entsprechender GVFG-Mittel soll noch in 2002 erfolgen, damit das Depot 2006 fertig ist.

Die OEG – jetzt zum MVV-Konzern gehörend – wird in 2002 auf Heidelberger Gebiet am Bahnhof Handschuhsheim ein seitliches Wendegleis anlegen. (Mehr zur OEG und zum Thema Rhein-Neckar siehe unter Mannheim.)

Die 1995 komplett erneuerte ÖPNV-Trasse in der Bergheimer Straße hat wegen Festigkeitsmängeln dem Gewicht der Busse nicht standgehalten. Als Folge mussten in 2001 die Gleise wieder herausgerissen werden, damit der Betonsockel neu gegossen werden konnte. Da die verantwortliche Planungsfirma inzwischen in Konkurs gegangen ist, blieb die HSB auch noch auf einem erheblichen Teil der Kosten sitzen. Die HSB nutzte die Baumaßnahme aber, um die Anfang der achtziger Jahre ausgebaute Gleisverbindung Bunsengymnasium – Bismarckplatz wieder einzubauen. Mehrere Monate waren umständliche Umleitungen und Netzteilstilllegungen erforderlich: Linie 2 fuhr über Hauptbahnhof, Linie 4 wendete im Betriebshof. Während der zweiten Bauphase konnte zusätzlich eine Linie 1E Bismarckplatz – Bergheimer Straße – Berliner Straße – Handschuhsheim eingesetzt werden.

2002 wird die Brückenstraße teilweise umgebaut. Straßenbahn und OEG werden über die Berliner Straße umgeleitet.

Erfolgreich war die HSB bei den Nachverhandlungen über die nicht lieferbaren Variobahnen (s. Mannheim): Sie wird statt der bestellten acht Fahrzeuge von 32 m Länge nun solche zu 39 m Länge erhalten! Durch Verkürzung einer Sänfte kann der Hersteller nun die im Lastenheft geforderte Achslast gewährleisten. Das erste neue Fahrzeug ist jetzt für den 1. November 2002 angekündigt.

Ende 2002 erhält Heidelberg neue Variobahnen, dann können die betagten GT6 aufs Abstellgleis rollen
F. MUTH

Wagen 832 hat den Heilbronner Bahnhofsplatz Richtung City verlassen und passiert soeben die Stromsystem-Wechselstelle W. Klee

Heilbronn

46 Jahre nach dem Ende der alten Straßenbahn wurde am 21. Juli 2001 die neue Innenstadtstrecke vom Hauptbahnhof zur Endstation Harmonie (Veranstaltungshalle) feierlich eröffnet. Befahren wird sie zunächst von aus Karlsruhe bzw. Bretten kommenden Stadtbahnwagen, welche die Stadt auf der speziell für den Stadtbahnbetrieb elektrifizierten DB-Strecke via Eppingen seit September 1999 erreichen.

Die jetzt eröffnete durchgehend zweigleisige Strecke misst rund 1,5 km (die letzten rund 300 m dienen zunächst nur dem Wenden bzw. Aussetzen von Fahrzeugen; die Strecke endet stumpf, hier wird die Verlängerung ansetzen). Im Zwanzigminutentakt (der zudem ergänzt wird durch stündliche Eilzüge, die zwischen Heilbronn Hbf. und Karlsruhe-Durlach nicht an allen Stationen halten) werden die neuen Stationen Bahnhofsvorplatz, Kurt-Schumacher-Straße, Rathaus und Harmonie bedient. Ampelvorrangschaltungen sorgen für eine rasche Fahrt der Bahnen, in nur drei Minuten hat man vom Bahnhof aus den zentralen Rathausplatz in der Altstadt, nach weiteren zwei Minuten die vorläufige Endstation Harmonie erreicht.

Um die Stadtbahn Richtung Innenstadt einfädeln zu können, musste nahezu der gesamte westliche Bahnhofskopf des Heilbronner Hauptbahnhofs umgebaut werden. 41 neue Weichen und zwölf neue Signale erlauben es der Stadtbahn nun, mit 80 km/h von der Kraichgaubahn kommend über das Gleisfeld hinweg zum Bahnhofsvorplatz zu fahren. Kurz hinter dem Bahnhofsvorplatz (in Richtung Innenstadt gesehen) endet die 15-kV-Einspeisung (die Bahn wird also auch nach Verlassen der DB-Trassen noch für wenige hundert Meter mit Eisenbahn-Strom betrieben),

Stadtwerke Heilbronn
Weiperstraße 48
74076 Heilbronn
www.stadtwerke-heilbronn.de
Streckenlänge 1,5 km
Spurweite 1435 mm

ab dort wird mit 750 Volt Gleichspannung gefahren.
Rund 70 Millionen Mark hat die neue Innenstadtstrecke gekostet, wozu Land und Bund nachhaltig Fördermittel beisteuerten. Gebaut wurde unter der Regie der Stadtwerke Heilbronn, wobei natürlich vor allem die Albtal-Verkehrsgesellschaft viel Know-how zur Verfügung stellte.
Schon bald soll die Stadtbahn von der Harmonie über Moltkestraße, Bismarckstraße und Jägerhausstraße bis Pfühlpark verlängert und dann in die DB-Strecke in Richtung Schwäbisch Hall (KBS 783) eingeschleift werden. Ziel für die Stadtbahnwagen wird dann das etwa 24 km entfernte Öhringen sein. Nach Stand der Dinge könnten die ersten Stadtbahnen im Sommer 2004 bis zur geplanten Endhaltestelle Öhringen-Cappel rollen.
Die Heilbronner Stadtbahn wird noch weiter ins Land hinaus fahren. Die zweite Stufe des Ausbauplans sieht vor, ab Harmonie eine zweite neue Stadtbahnstrecke zu bauen (über Allee – Weinsberger Straße – Mannheimer Straße – Paulinenstraße – Austraße/Industriegebiet), die ebenfalls etwa 4 km lang ist. An der Stadtgrenze zu Neckarsulm im Industriegebiet wird sie in die DB-Strecke Richtung Heidelberg eingeschleift, die Stadtbahnen werden dann bis Bad Friedrichshall verkehren und darüber hinaus bis Gundelsheim (und bis Bad Rappenau). Bei den Stadtwerken Heilbronn geht man derzeit davon aus, dass die Stadtbahnen hier – wenn alles so gut klappt wie erhofft – frühestens 2008 fahren können, spätestens 2010.
Zur zweiten Stufe des Stadtbahnkonzeptes – dafür sind insgesamt 204 Mio. Mark allein für die Infrastruktur vorgesehen – gehört eine Stadtbahn auch in Richtung Süden, und zwar nach Zaberfeld. Diese wird bis Lauffen am Neckar die DB-Strecke Richtung Stuttgart benutzen und dann teils auf der Trasse der stillgelegten Schmalspurbahn Lauffen – Leonbronn nach Zaberfeld völlig neu gebaut werden. Auch hier gilt der Zeithorizont wie für den Nordast, wobei man jedoch diesen zunächst anpacken wird.
Den Betrieb auf der neuen Innenstadtstrecke führt im Auftrag der Stadtwerke Heilbronn vorerst die Albtal-Verkehrsgesellschaft (AVG). Eigentlicher Betreiber und Inhaber der Betriebsgenehmigung sind aber ab Hauptbahnhof die Stadtwerke Heilbronn (die Gleisanlagen befinden sich im Eigentum der Stadt). Mit dem weiteren Ausbau ihrer Stadtbahn wollen die Stadtwerke dann selbst als Betreiber auftreten. Die Vorbereitungen darauf laufen bereits. Schon seit einiger Zeit sind 15 ihrer Fahrer, die zuvor nur Busse steuerten, als Fahrer der Karlsruher Stadtbahnwagen im Einsatz, auch hat sich Heilbronn schon am Kauf von Stadtbahnwagen, die in den AVG-Fuhrpark eingereiht sind, beteiligt. ■

Unter dem Glasdach vor dem Hauptbahnhof Heilbronn herrscht Hochspannung: 15 kV
W. Klee

Karlsruhe

Verkehrsbetriebe Karlsruhe GmbH (VBK)
Albtal-Verkehrsgesellschaft mbH (AVG)
Tullastraße 71
76131 Karlsruhe
www.kvv.de

Streckennetz:
Linien 8 Stadtbahn, 6 Straßenbahn
Streckenlänge 203 km (plus 99 km auf DB-Strecken)
Spurweite 1435 mm

Fahrzeuge:
Stadtbahnwagen 60
Zweisystemwagen 73
Straßenbahnwagen 85 (davon 40 Niederflur)

Betriebshöfe: 4

Wie jedes Jahr könnte man mit den Aktivitäten von Verkehrsbetrieben Karlsruhe (VBK) und Albtal-Verkehrsgesellschaft (AVG) ein ganzes Buch füllen. Herausragend war in 2001 die Verlängerung der Zweisystem-Linie S4 in die Heilbronner Innenstadt. Seit 21. Juli kann man per Stadtbahnwagen ohne Umsteigen von der Karlsruher Kaiserstraße über Eisenbahngleise bis in die Kätchenstadt gelangen (Bericht s. dort).
Neben großen Ausbauplänen in Heilbronn wird aber auch zuhause unermüdlich erweitert. Die Betriebsstrecke Durlacher Tor – Mendelssohnstraße wurde für 2,65 m breite Fahrzeuge umgebaut. Am 19. Dezember 2001 erfolgte der erste Spatenstich für eine Straßenbahnstrecke (für Linie 2) von Durlach, Auer Straße über Aue nach Wolfartsweier; die Eröffnung wird für 2003 angepeilt. Das Planfeststellungsverfahren für die Neubaustrecke der Linie 6 vom Mühlburger Tor in die Nordstadt läuft weiter. Da einige Anwohner den Klageweg beschreiten wollen, lässt sich derzeit nicht genau sagen, wann mit Heide einer der letzten schienenfreien Karlsruher Stadteile an das Stadtbahnnetz angeschlossen sein wird.
In 2000 fuhren in Karlsruhe 93,7 Millionen Menschen (gegenüber 88,8 Millionen in 1999) mit Bus und Bahn, in der Region fuhren 2,8 Millionen Menschen mehr mit (2000: 49,9 Millionen). Auch in der ersten Hälfte 2001 setzte sich der Trend fort: der KVV zählte mit 75 Millionen 5,4 Prozent mehr Fahrgäste als im Vorjahr.
Zum Wachstum beigetragen hat auch die Ende 2000 eröffnete Strecke zur Europaschule. Durch besonders intensives Marketing konnte der Modal Split von 10:61 Prozent (ÖPNV:IV) auf 23:44 Prozent gesteigert werden – ein Spitzenwert im Bundesvergleich. Die Studie hatte auch ergeben, dass den meisten Anwohnern an Neubaustrecken die enorme Verbesserung des Angebots wirklich erst bewusst gemacht werden muss: Früher fuhr alle 30 Minuten ein Bus, heute fährt alle zehn Minuten eine Stadtbahn. 92 Prozent der Bevölkerung bewerten inzwischen das Angebot der VBK als positiv, auch dies ein sehr gutes Ergebnis.
Auch in der Region wächst das Stadtbahnnetz weiterhin kräftig: Der 15. Juni 2002 ist schon als Eröffnungstermin für den Stadtbahnverkehr (Linie S 41) auf DB-Gleise im vorderen Murgtal ins Auge gefasst. An der von der DB AG gepachteten Strecke sind in 2001 die Elektrifizierungsarbeiten – mit teilweiser Tieferlegung der Gleise in alten Tunneln – weit fortgeschritten. Mitte 2002 wird auch in Wörth die innerstädtische Strecke (Linie S 5) um 1,5 Kilometer und einen kleinen Tunnel vom Rathaus bis zum Badepark erweitert werden. Schließlich wird bis

Ende des Jahres die Eisenbahnstrecke Pforzheim – Bad Wildbad „verstromt“: Die Verlängerung der S 51 auf BO-Strab-Strecke in den Ortskern wird erst 2003 folgen. An der S2 wird die Stadtbahn-Haltestelle Leichtsandstraße zu einem neuen Messebahnhof mit Wendeschleife und Abstellmöglichkeiten ausgebaut, auf dem ehemaligen Flugplatzgelände in Rheinstetten entsteht ein neues Messezentrum.

Der Fuhrpark wird in 2002 um zehn Niederflurwagen GT6-70D/N (Nummern 241 bis 250) und fünf Niederflurwagen GT8-70D/N (Nummern 321 bis 325) wachsen. In 2001 wurde das Ausschreibungsverfahren für die Lieferung von zwölf Zweisystem-Mittelflurfahrzeugen ausgeschrieben. Da eine 16-achsige Variante (zwei kurzgekuppelte Achtachser mit je nur einem Führerstand) von der Industrie aus unerfindlichen Gründen nur zu einem unverhältnismäßig hohen Preis angeboten wurde, wird die Bedienung der Eilzugleistungen auf der Murgtalbahn mit ET 425-Triebwagen der DB AG erfolgen.

Der ehemalige Karlsruher Achtachser 113 (Düwag 1959) dient im Elsass als Erprobungsträger für einen Schwungradantrieb. Die erfolgreichen Versuche erlaubten die Fahrt zwischen zwei 700 Meter entfernten Haltestellen ohne Stromzufuhr mit bis zu 50 km/h. Damit ist dem Konsortium um Alstom, Kiepe, der Consulting Firma TTK und anderen ein weiterer Schritt in Richtung Ausdehnung von Stadtbahnen auch über nicht elektrifizierte Strecken geglückt.

Merkwürdig verläuft derzeit die Diskussion über den Innenstadttunnel für die Stadtbahn. Eine breite Bürgerbeteiligung zur Umgestaltung der Innenstadt für das Stadtjubiläum 2015 hat viele interessante aber auch viele unsinnige Ideen hervorgebracht. Der Oberbürgermeister strebt jetzt eine „schienenfreie Innenstadt“ an! Der Tunnel war von den VBK eigentlich vorgeschlagen worden, um die sehr dicht befahrene Kaiserstraße von den Regionallinien zu entlasten. Nun sollen alle Stadtbahnlinien unter die Erde verlegt werden. Da wegen der in Tunneln vorgeschriebenen Signalanlage nicht mehr auf Sicht, sondern im Blockabstand gefahren werden müsste, brächte die Milliardeninvestition im Ergebnis eine gegenüber heute weniger leistungsfähige Strecke unter der Kaiserstraße! Zwangsläufig müsste manche Direktverbindung in die zentrale Kaiserstraße wieder entfallen. Ein Bürgerentscheid soll möglichst zusammen mit der Bundestagswahl durchgeführt werden. Vor fünf Jahren war eine Vorlage für einen zusätzlichen Tunnel gescheitert. ■

Bild Seite 76: Niederflurwagen 237 biegt vom Karlsruher Marktplatz in die Kaiserstraße ein. Womöglich fahren die Bahnen hier bald unterirdisch
W. KLEE

Freie Fahrt voraus, hier an der Kreuzung Kriegsstraße in Karlsruhe: Die Bahnen der badischen Metropole sind weiter auf Expansionskurs
F. MUTH

Angesichts der Festschreibung der Landeszuschüsse bei Neufahrzeugbeschaffungen werden die für Ende 2002 zu erwartenden Variobahnen möglicherweise auch für lange Zeit die letzten neuen Wagen gewesen sein. Im Sommer wurde für mehrere Wochen ein Niederflurachtachser nach Mannheim für Linie 1 verliehen, weil dort akuter Fahrzeugmangel bestand. ■

Die Überlandstrecke der Rhein-Haardt-Bahn (hier am Haltepunkt Friedelsheim) bleibt auch wegen der Fahrzeuge eine Attraktion M. Kochems
Bild unten: Nationaltheater Mannheim: Die in den MVV-Konzern integrierte OEG erfreute sich auch 2001 wieder wachsender Fahrgastzahlen F. Muth

Ludwigshafen (VBL und RHB)

Weiterhin fahren die Linien 6 (bzw. 8) und 11 Umleitung über die Berliner Straße. Bemerkenswert war die Entscheidung, erstmals in Deutschland eine Tunnelstrecke teilweise stillzulegen. Durch die Bedeutungslosigkeit des auf der grünen Wiese errichteten Hauptbahnhofes und den stark abgesunkenen Anteil der Straßenbahn am Berufsverkehr zur BASF fuhr Tangentiallinie 12 (Oppau – Hauptbahnhof – Rheingönheim) häufig leere Züge spazieren. Sonntags morgens und in den Abendstunden verkehrt hier schon lange keine Bahn mehr. Im Zuge neuer Einsparungsmaßnahmen brachte die VBL jetzt den Mut auf, die Linie 12 ab Winterfahrplan auf wenige Fahrten in den Hauptverkehrszeiten zu beschränken. Dies ist nicht ohne Brisanz, denn damit wird der größere Teil der Ludwigshafener Tunnelanlagen über mehr als die Hälfte des Jahres nicht mehr benutzt. Sie sind stumme Zeugen der U-Bahn-Euphorie einer einst wohlhabenden Stadt, deren heutige Finanzlage nicht einmal mehr den Bau einer neuen Wendeschleife erlaubt.

Verkehrsbetriebe Ludwigshafen (VBL)
Rhein-Haardt-Bahn AG (RHB)
Hauptstraße 320
67067 Ludwigshafen
www.twl.de

Streckennetz:

Linien	*7 VBL, 1 RHB*
Linienlänge	*80,6 km*
Spurweite	*1000 mm*
Fahrzeuge:	
Triebwagen	*VBL: 41*
Triebwagen	*RHB: 6*
Betriebshöfe	***2***

Mannheim

Auf den historischen Höchststand von über 66,5 Millionen Fahrgäste konnte die MVV Verkehr AG, Mannheim, im letzten Geschäftsjahr ihre Fahrgastzahlen steigern (plus 3,8 Prozent). Die seit 1995 in das Liniennetz und seit 2000 in den MVV-Konzern eingebundene OEG beförderte im gleichen Zeitraum 15,7 Millionen Fahrgäste; das entspricht einer Zunahme um 1,5 Prozent.
Größte Baumaßnahme war die Gleiserneuerung in der zentralen Fußgängerzone Breite Straße zu Anfang des Jahres 2001, für die alle Linien über die Tunnelstrecke Dalberghaus umgeleitet wurden. Während der Sommerferien wurde die OEG-Strecke im Bereich Wallstadt zwei-

gleisig ausgebaut, daneben gab es dann die üblichen Gleiserneuerungen.
Die größte Baustelle der Region aber lag im politischen Bereich: die von der MVV jahrelang intensiv vorangetriebe Beteiligung an der S-Bahn Rhein-Neckar wurde durch eine überraschende Initiative der Bürgermeister aus Heidelberg, Ludwigshafen und Mannheim in eine völlig andere Form gegossen. Die Stadtoberhäupter beschlossen die Bildung einer „Rhein-Neckar-Bahn" und damit einen Zusammenschluss der regionalen Verkehrsunternehmen. Die Rhein-Neckar-Bahn sollte wiederum zu fünfzig Prozent an der zukünftigen S-Bahngesellschaft beteiligt werden, die DB AG sollte die anderen fünfzig Prozent halten. Einige Wochen konnten DB AG und Politik die Kooperation feiern, mit der sie ins Rennen um die Ausschreibung für den S-Bahnverkehr gegen die internationale Konkurrenz antreten wollten. Doch kurz vor Ablauf der Angebotsfrist kam der Rückzug; offiziell hieß es: wegen kartellrechtlicher Bedenken. Letztlich gab die DB AG dann allein ein Angebot für die S-Bahn ab und konnte damit Mitbewerber Connex ausstechen.
Am 22. November 2001 erklärten die Vorstände der Heidelberger Straßen- und Bergbahn AG und der MVV sowie die Geschäftsführung der Verkehrsbetriebe Ludwigshafen (VBL) die Zusammenarbeit ihrer (Meterspur-) Betriebe mit dem Ziel eines einheitlichen Verkehrsunternehmens für die Region jetzt vorantreiben zu wollen (das schließt die in diese Unternehmen integrierten Gesellschaften OEG und RHB mit ein). Von einer Beteiligung an der S-Bahn ist zunächst nicht die Rede, auch sind konkrete Maßnahmen zur Erzielung von Synergieeffekten bisher noch nicht an die Öffentlichkeit gedrungen.
Überraschend umfangreich sind die Neubaupläne der MVV Verkehr AG, der Nachholbedarf an Investitionen bei der OEG soll möglichst zügig aufgearbeitet werden. Ihre Haltestellen werden zwischen Mannheim, Weinheim und Heidelberg modern ausgebaut und auch der Bau eines zweiten Gleises an der Bergstraße zwischen Weinheim und Schriesheim vorangetrieben. Aus den dortigen Gemeinden kommen sogar positive Signale, die eine Verbesserung des Fahrtenangebots in den Abendstunden (bisher teils nur Stundentakt), sowie an Wochenenden (nur 30-Minuten-Takt) ermöglichen werden.
Vom Gemeinderat grundsätzlich beschlossen ist der Umbau des Alten Messplatzes sowie eine Neubaustrecke zwischen Alter Meßplatz und Klinikum, die als Umleitungsstrecke dienen und ab 2004 dann von Linie 7 (aus Vogelstang) zwecks günstigerer und kürzerer Linienführung befahren werden soll.
Die private Vorfinanzierung einer Veranstaltungshalle im Bösfeld beim Maimarktgelände erfordert bis 2005 dort eine Stadtbahnanbindung. Nachdem jahrzehntelang eine entsprechende Strecke nicht vorangekommen ist, planen MVV und Stadt nun eine große Lösung: Für maximale Beförderungsleistungen nach

Die Strecke Mannheim-Käfertal – Heddesheim wird zweigleisig ausgebaut (hier in Mannheim-Wallstadt); der Niederflurwagen gehört den VBL
F. Muth

Mannheimer Verkehrs AG (MVV), Oberrheinische Eisenbahn-Gesellschaft (OEG)
Luisenring 49
68159 Mannheim
www.mvv.de

Streckennetz:

Linien	*9*
Linienlänge	*186,6 km*
Spurweite	*1000 mm*

Fahrzeuge:

Triebwagen	*MVV: 87*
Triebwagen	*OEG: 41*

Betriebshöfe: *3*

Stuttgarter Straßenbahnen AG
Schockenriedstraße 50
70565 Stuttgart
www.ssb-ag.de

Streckennetz:
Linien 16, davon 2 Straßenbahn
Streckenlänge 108,4 km Stadtbahn
14,5 km Straßenbahn
Spurweite 1435/1000 mm

Fahrzeuge*:
Straßenbahn 50
Stadtbahn 136
Zahnradbahn 3
**jeweils nur Triebwagen*

Betriebshöfe 4

Großveranstaltungen soll eine Ringstrecke Planetarium – Neuherrmsheim – Bösfeld/Maimarkt – Neuostheim gebaut werden. Dabei wird auch die mangelhafte Endstelle Neuostheim völlig umgebaut und ein beidseitiger Anschluss an die OEG hergestellt. In der Diskussion ist sogar eine Verlängerung Bösfeld – Rangierbahnhof – Hochstätt. Ferner ist im Bereich Feudenheim eine kurze Verlängerung bis Feudenheim Nord angedacht. Die Ausdehnung der Stadtbahn am Stadtrand wird sich wie in Karlsruhe durch Ersatz der Buslinien bei den Betriebskosten fast kostenneutral verwirklichen lassen.
Die Industrie wird die neuen Variobahnen nun erst im Herbst 2002 liefern können – erstaunlicherweise, sollte es sich dabei wie bekannt im Wesentlichen doch um den Nachbau eines Fahrzeugs handeln, das bei der OEG in sechs Exemplaren zufriendstellend läuft. (Mehrere Altfahrzeuge mussten deshalb nochmals hauptuntersucht werden, darunter auch der letzte Düwag-Standardgelenkwagen, der sogar wieder im Linienverkehr eingesetzt wurde.) Monatelang war über Lösungen diskutiert worden, wie die vorgeschriebenen Achslasten eingehalten werden können. Ein Fahrzeugteil („Sänfte") wird nun kürzer gebaut werden. ■

Stuttgart

Während es betrieblich bei der Stuttgarter Stadt- und Straßenbahn im Jahr 2001 kaum nennenswerte Ereignisse gegeben hat – von einer baubedingten Umleitung der Linie 2 über die planmäßig nicht mehr meterspurig befahrene Rampe in der Keplerstraße vielleicht abgesehen –, waren die Veränderungen bei der „Zacke" umso spürbarer. Da der Marienplatz städtebaulich völlig umgekrempelt werden soll, wird auch die Endhaltestelle der Zahnradbahnlinie 10 völlig umgebaut. Positiv wird sich dabei besonders die Umsteigemöglichkeit zur Stadtbahn verändern. Vom 17. September bis 26. Oktober ruhte der Verkehr der Linie 10, seitdem beginnen und enden die Züge (voraussichtlich bis Dezember 2002) am alten Zahnradbahnhof. Der Neugereuter Tunnel wird erst 2004 eingeweiht werden können.
Heftig gebuddelt wurde dieses Jahr an dem Abschnitt Wilhelmsplatz – Hauptfriedhof zwecks Umrüstung der meterspurigen Straßenbahnlinie 2 auf normalspurigen Stadtbahnbetrieb. Die Eröffnung des ersten Abschnitts ist für den 22. Juni 2002 vorgesehen, am 14. Dezember 2002 wird die vorletzte Straßenbahnlinie der Schwabenmetropole dann komplett Vergangenheit sein. Anschließend soll es auch die letzte Linie – die 15 also – treffen, was im Berichtszeitraum für einige Diskussionen sorgte: Zum einen strebt die SSB damit auch die Stilllegung der letzten, buchstäblich „aussichtsreichen" Steigungsstrecke mit Blick auf den Talkessel an, und zum anderen könnte dies auch das Ende des beliebten Oldtimerverkehrs (die Oldtimer brauchen die Meterspur) bedeuten.
Ein neu gegründeter „Arbeitskreis Linie 15" kämpft sogar mit Unterstützung der Lokalpolitik für den Erhalt der Linie 15 als Stadtbahn auf Dreischienengleis. Die SSB hat daraufhin ein Gutachten erstellen lassen, das Ende des Jahres vorgestellt wurde. Ergebnis: Die Umspurung des Abschnitts bis Fernsehturm inklusive Trennung vom Individualverkehr ist technisch machbar und verkehrspolitisch sinnvoll, mithin also förderfähig. Eine dritte Schiene ist mit Sicherheit aber nicht förderfähig, also sind jetzt Ideen zur Finanzierung gefragt, sonst bimmeln (frühestens) ab 2006 auch keine Oldtimer mehr zur Ruhbank.

Nicht mehr lange wird die Linie 2 meterspurig sein, noch 2002 ersetzen normalspurige DT8 die alten GT4 und aus der „2" wird die „U 2" (Haltestelle Mineralbäder im Juli 2001)
W. KLEE

Das endgültige Schicksal des meterspurigen Museumsbetriebes hängt aber an dem viel komplizierteren Nordast der Linie 15. Zunächst wird das Mammut-Projekt „Stuttgart 21" zur Umgestaltung des Hauptbahnhofes in einen Durchgangsbahnhof auch einen Umbau der bestehenden Stadtbahnstrecke erfordern, die heute noch von der Linie 15 und den Oldtimern befahren wird. Offen ist noch, ob der Stadtteil Zuffenhausen im Tunnel erschlossen werden soll bzw. ob der Stadtteil Stammheim gar zukünftig per Bus erschlossen wird. Selbst wenn sich eine Stadtbahn nach Stammheim als verkehrspolitisch sinnvollste Lösung durchsetzen würde, bedeutet das nicht automatisch den Fortbestand des Oldtimer-Betriebs. Die SSB hat bereits darauf hingewiesen, dass ein Weiterbestand der derzeit noch vorhandenen dritten (Meterspur-) Schiene für die Hauptaufgaben des Stadtbahnnetzes nach Umstellung der Linie 15 nicht mehr zwingend notwendig sei, ebenso wenig der Fortbestand von Möglichkeiten zur Wartung von Meterspurfahrzeugen in der Hauptwerkstatt. Selbst ein wirtschaftlich so erfolgreiches Unternehmen wie die SSB – im Jahr 2000 steigerte man den Kostendeckungsgrad auf den deutschen Spitzenwert von rund 86 Prozent – muss sich auf das Kerngeschäft konzentrieren, denn der eigentliche Wettbewerb im Verkehrsbereich fängt gerade erst an. Man darf gespannt sein, ob (und wenn ja: wie) die SSB auch eine Lösung finden, ihre Geschichte weiterhin lebendig darzustellen. Dafür werden in 2002 weitere Weichen gestellt. ■

Auch in Ulm neigt sich die Zeit der GT4 dem Ende entgegen, bald rollen Combinos an W. KLEE

Ulm

Stadtwerke Ulm/Neu-Ulm GmbH
Karlstraße 1
89073 Ulm
www.swu.de

Streckennetz:

Linien	*1*
Linienlänge	*5,5 km*
Spurweite	*1000 mm*

Fahrzeuge:

Triebwagen	*14*

Betriebshöfe	*1*

In Ulm wurde nach dem Gerangel um die zu den Akten gelegten Groß-Ausbaupläne des Straßenbahnnetzes auf bis zu fünf Linien endlich ein positives Zeichen gesetzt: Der Bereich Verkehr der Stadtwerke hat sich zur Beschaffung von acht Niederflurbahnen vom Typ Combino entschlossen. Es werden dies die ersten Neubauwagen für Ulm seit über 40 Jahren sein, sie werden die zwischen 1985 und 1990 aus Stuttgart übernommenen GT4 ersetzen, die allein den Betrieb auf der einzigen Ulmer Linie tragen.
Insgesamt hat der Auftrag einen Wert von etwa 16 Mio. Euro (inkl. Ersatzteilpaket, Diagnose- und Wartungsgeräten).
Voraussichtlich im Januar 2003 wird der erste Combino in Ulm eintreffen. Die bestellten Fahrzeuge haben eine Länge von 30,83 m, eine Breite von 2,40 m, sechs Türen, 66 Sitzplätze (plus zwölf Klappsitze) und 112 Stehplätze.
Zum Jahresende kam auch wieder Bewegung ins Thema Streckenausbau: Ulms einzige Straßenbahnlinie soll, so schlug der Ausschuss für Stadtentwicklung mit Zustimmung von allen Fraktionen Ende Dezember vor, über das Messegelände hinaus bis in den Stadtteil Böfingen geführt werden. Was daraus wird hängt davon ab, ob diese Verlängerung die Kriterien der Wirtschaftlichkeitsprüfung erfüllt – im Sommer 2002 soll darüber Klarheit herrschen. ■

Augsburg

Augsburg ist auch 2001 seinem Ruf gerecht geworden, einen der rührigsten Trambahnbetriebe zu besitzen. Am 9. März 2001 wurde der neue Betriebshof am Roten Tor offiziell eröffnet. Mangels geeigneter Grundstücke entlang einer der Trambahnstrecken hatte sich der Stadtrat schon vor Jahren zum vollständigen Umbau der alten Anlage entschlossen. Den wachsenden Längen und den anderen Konstruktionsweisen der neu beschafften Fahrzeugtypen mussten die Ausmaße der Hallen und die Einrichtungen während der Planungs- und Bauphase immer wieder angepasst werden. Trotz aller Nachbesserungen überschritten die tatsächlichen Kosten (120 Mio. Mark) die ursprünglich geplante Investitionssumme nur um 12 Mio. Mark. Auf dem Gelände an der Baumgartnerstraße befinden sich jetzt alle wichtigen Basiseinrichtungen der Straßenbahn Augsburg an einem Ort: Schwerpunktwerkstatt, Bahnbauwerkstatt, Abstellhalle für circa 80 Trambahnen und Betriebsdienstgebäude. In die Abstellhalle ist das denkmalgeschützte Gebäude des ersten Augsburger Bahnhofs integriert.

Auch wirtschaftlich konnte die Straßenbahn im Jahr 2000 zulegen. Bei gleich bleibender Einwohnerzahl stieg der Anteil der beförderten Personen im Vergleich zu 1999 um 3,3 Prozent auf 31,3 Millionen.

Auch geizte man mit Streckenneubauten nicht. Am 12. März 2001 wurde der erste Spatenstich zur Verlängerung der Linie 2 von Kriegshaber zum Zentralklinikum vollzogen. Knapp neun Monate später, am 29. November, durchschnitt die Prominenz der schwäbischen Bezirkshauptstadt das grün-weiß-rote Band. Seitdem befährt die Linie 2 die 2,3 km lange, streckenweise stadtbahnmäßig angelegte Neubaustrecke zur neuen Endstelle P&R Augsburg West. Von den drei Zwischenstopps ist der am Zentralklinikum der Wichtigste. Die Fahrzeit von dort zum Hauptbahnhof beträgt 26 Minuten. Wird das Streckenausbauprogramm fortgesetzt, so erreichen Augsburg West demnächst auch die Schienen der neuen Linie 5 über die Bürgermeister-Ackermann-Straße. Mit der Verlängerung der Linie 2 endete auch die reguläre Nutzung des letzten Wendedreiecks in der Stadt an der bisherigen Endhaltestelle Kriegshaber.

Bereits seit dem 8. Juni 2001 fährt die Linie 4 auf einer 2250 m langen Trasse durch die Donauwörther Straße nach Augsburg Nord. Der Wirtschaftlichkeit dieser Linie machen allerdings parallel

Combino 835 verlässt die historische Halle – es war Augsburgs erste Bahnhofshalle – des neuen Tram-Betriebshofes
P. Schricker

Stadtwerke Augsburg
Verkehrs-GmbH
Hoher Weg 1
86152 Augsburg
www.stawa.de

Streckennetz:

Linien	4
Linienlänge	39,0 km
Streckenlänge	31,6 km
Spurweite	1000 mm

Fahrzeuge:

Triebwagen	71
Beiwagen	20 (= GT4 als geführte Tw)

Betriebshöfe:	1

verkehrende Busse zu schaffen. Die Schuld daran liegt allerdings bei der nördlichen Nachbargemeinde Gersthofen, die eine sinnvolle Verlängerung in ihr Zentrum verweigerte und jetzt auf ungebrochenem Busverkehr in die Augsburger Innenstadt besteht. Seit dem 11. Juni 2001 wird die alte Schleife in Oberhausen mit der Haltestelle in der Mennwarthstraße planmäßig nicht mehr befahren.

Traditionell nutzten die Augsburger Verkehrsbetriebe die Sommerferien zu Gleiserneuerungsarbeiten. Diesmal ersetzte man die Schienen auf der Linie 1 in Göggingen und Lechhausen (zwischen Schleiermacherstraße und Schlößle). Daraus ergab sich eine interessante Betriebssituation: An der Haltestelle Klausenberg errichtete man mittels Kletterweichen eine Spitzkehre zum Wenden. Zum Einsatz kamen deshalb auf der Restlinie 1 zwischen Klausenberg und Königsplatz nur die Zweirichtungswagen M8C, die ab „Kö" als Linie 2 weiter nach Kriegshaber fuhren. Seit dem 29. November 2001 ist die Linie 3 auf ihrem Westast zwischen Königsplatz und Stadtbergen wegen des Neubaus der Luitpoldbrücke und dringend gebotener Renovierung der Gleisanlagen vorübergehend eingestellt.

Am 28. und 29. Juni 2001 verließen die 14 letzten GT5 ihre schwäbische Heimat in Richtung Iasi (Rumänien). Lediglich Wagen 535 bleibt am Lech. Die „Freunde der Augsburger Straßenbahn e.V." erwarben ihn und brachten ihn in die alte Wagenhalle in Lechhausen.

Ansonsten bestellten die Stadtwerke 13 weitere Combinos, die für die neuen Strecken benötigt werden und die GT4-Serie mit den Nummern 401-410 ersetzen sollen. Planungen sehen einen Bestand von einmal 50 Combinos, zwölf M8C- und elf NGT6 vor. ■

München

Dreimal am Tag und etwa tausendmal pro Jahr umrunden sämtliche Fahrzeuge der Verkehrsbetriebe der Stadt München quasi die Erde, und daran hat auch die Trambahn keinen geringen Anteil. Dabei brachte sie es im Jahr 2000 auf 7,17 Millionen Zugkilometer und 228,31 Millionen Personenkilometer (= 4,35 Prozent des gesamten MVV-Volumens). Das heißt, sie befördert im Jahr circa 76 Millionen Personen.
2001 wurde sie nun 125 Jahre alt. Aber das Jubiläumsjahr begann gar nicht freudig. Im Mai schmetterte die Bezirksregierung von Oberbayern den Antrag für den Bau der Nordtangente zwischen Tivolibrücke durch den Englischen Garten und Schwabing zum Elisabethplatz ab. Dabei wäre dieses Teilstück, das im so genannten standardisierten Bewertungsverfahren mit dem „Traumwert" 2,44 abschneidet, eine dringend notwendige Netzergänzung und würde vielen Kunden zu erheblich kürzeren Fahrzeiten verhelfen. Sie würde sogar noch Kosten sparen. Diese Strecke wäre auch die erste wirkliche Neubaustrecke nach Jahrzehnten. Die Stadt hat mittlerweile den Gerichtsweg eingeschlagen, um diese Linie durchzuboxen.

Um andere Projekte aus dem nun schon zehn Jahre alten Straßenbahnausbauprogramm ist es mittlerweile still geworden. So beschränkte man sich bei der Infrastruktur 2001 darauf, die Schienen entlang des Englischen Gartens auf der Linie 17 zu sanieren, weshalb diese von Anfang März bis Ende Juni schon am Max-Monument wenden musste. Während der Sommerferien zwang die Erneuerung der Gleisanlagen in der viel befahrenen Sonnenstraße zu Einschränkungen und Umleitungen.

Stadtwerke München GmbH/MVG
Einsteinstr. 28
80287 München
www.mvg-mobil.de

Streckennetz:

Linien	*10*
Linienlänge	*98,2 km*
Spurweite	*1435 mm*

Fahrzeuge:

Triebwagen	*97*
Beiwagen	*7*

Betriebshöfe: *1*

Bild Seite 84:
Abschied von der Schleife im Stadtteil Oberhausen: M-Wagen 8012 nähert sich der alten Endhaltestelle
P. Schricker

Generationen:
Der Wiener „Ulf", beim Jubiläum zu Gast in München, zieht an der „Dicken" (P-Wagen) vorbei
P. Schricker

Erfreulich entwickelte sich die Rentabilität der Stadtwerke: Die Aufwandsdeckung stieg auf 70 Prozent. Dabei erreichte man die vollständige Deckung des reinen Betriebsaufwandes (ohne Infrastrukturaufwand) durch die Fahrgeldeinnahmen.

Das leiernde Aufheulen der Elektromotoren der in die Jahre gekommenen Kurzgelenkzüge konnte man in Münchens Straßen immer weniger vernehmen, denn der Bestand der P-Wagen schrumpfte seit Neujahr 2001 von 21 Trieb- und 22 Beiwagen auf ganze sieben Einheiten am Jahresende. An Wochenenden verkehren diese noch auf der Linie 25 und während der Woche bedienen sie ein paar Kurse auf der 19. Dafür stehen jetzt alle 20 vierteiligen R-3.3-Trambahnen zur Verfügung. Die 2001 ausgelieferten zweiten zehn Stück (2211-2220) bieten den Fahrgästen statt Plastikpolstersitzen eine Holzbestuhlung. Im Herbst ließen sich dann zwei Gäste auf Münchens Gleisen blicken: Anfang Oktober tauchte aus Wien der Ultra-low-floor-Wagen (ULF) Nr.615 auf. Bis Anfang November pendelte er fast täglich als 21er zwischen Stachus und Westfriedhof. Ab Ende Oktober leistete ihm dabei der Combino 413 aus Potsdam Gesellschaft. Sofort zirkulierten Spekulationen, ob es sich um Testfahrten handle und die Stadtwerke die Anschaffung eines neuen Trambahntyps planten, zumal die R-2.2-Züge störanfällig und zu klein und unbequem sind. Verkehrschef Herbert König dementierte, es handle sich nur um rollende Jubiläumsgäste von befreundeten Betrieben.

Und tatsächlich umkreisten sie beim Höhepunkt des Münchner Trambahnjahres – dem Festtag am 27. Oktober – zusammen mit den (Weiß-) Blauen in einem 400 Meter langen Jubiläumskorso die Innenstadt. Am selben Tag fanden sich zigtausend Schaulustige im Betriebshof an der Einsteinstraße ein, um einen Blick hinter die Kulissen des Trambahnwesens zu werfen.

Der 11. November beendete dann – hoffentlich nur vorläufig – alle Nostalgie. In der Nacht zuvor hoben die Stadtwerke die Stromspannung von 650 auf 750 Volt an, wodurch ein Einsatz der älteren Fahrzeuge nicht mehr zulässig ist. Lediglich sieben P-Wagen wurden noch umgerüstet, für alle noch vorhandenen Arbeitsfahrzeuge sowie die zwei letzten M- sowie drei P-Wagen bedeutete dies das Aus.

Das wichtigste Ereignis im öffentlichen Münchner Verkehrsgeschehen ist zumindest aus der Sicht der Verantwortlichen die Gründung der Münchner Verkehrsgesellschaft MVG, die der Stadtrat am 27. Juni 2001 beschlossen hat und die

formal am 1. Januar 2002 die Verkehre von U-Bahn, Tram und Bus von den Stadtwerken übernahm und damit auch direkter Vertragspartner der Kunden wurde. Mit der MVG schufen die Stadtwerke GmbH eine „Verkehrstochter" und damit eine so genannte „Managementgesellschaft", die von Kosten befreit ist, die bei privaten Unternehmen erst gar nicht anfallen, z.B. Pensionsrückstellungen.

Mit der MVG will man eine bessere Basis für die Wettbewerbsfähigkeit herstellen und damit das Überleben des kommunalen Unternehmens sichern. Zur Markeneinführung MVG bot das Jubiläum einen willkommenen Anlass, das man deshalb auch unter das Motto „Von der Pferdetram zur MVG" stellte. Zum Jubiläum trugen die Bediensteten der Verkehrsbetriebe erstmals die neue MVG-Uniform.

Keine Lösung brachte das Jubiläumsjahr für die Zukunft der historischen Fahrzeuge, da der Stadtrat noch keine Entscheidung darüber fällte, ob der ehemalige Betriebshof 3 in der Westendstraße zum kommunalen Verkehrsmuseum wird. Die derzeit äußerst angespannte Finanzlage Münchens fördert das Projekt nicht.

Da die Halle seit Herbst 2000 wegen angeblicher Baufälligkeit gesperrt ist, können die „Freunde des Münchner Trambahnmuseums e.V." nicht mehr an ihren Fahrzeugen arbeiten. Die betriebsfähigen Stücke stehen im Betriebshof 2 und der Hauptwerkstätte, ohne Berührung mit dem Fahrdraht aufnehmen zu dürfen. ■

Höhepunkt der Jubiläumsfeiern war der Festkorso durch die Münchner Innenstadt
swm

Die Endschleife Luitpoldhain, hier im April 2001, wird nach dem Bau der Verbindung Luitpoldhain - Doku-Zentrum aufgelassen
U. ROCKELMANN

Nürnberg

Das Jahr 2001 war für das Nürnberger Straßenbahnnetz von geringfügigen Einstellungen geprägt, während sich die Erweiterungen erst im Bau (Schwerpunktwerkstatt Süd) bzw. in Bauvorbereitung (Lückenschluss Luitpoldhain – Dutzendteich) befinden. Am 28. Februar 2001 schloss der Betriebshof Nordost seine Tore, da auf dem Areal ein Einkaufszentrum entstehen wird. Damit verbunden war auch die Stilllegung der Zufahrtsstrecke ab Stadtpark; die dortige – planmäßig nicht angefahrene – Schleife bleibt aber als Wendemöglichkeit bei eventuellen Betriebsstörungen erhalten. Im Mai 2001 ließ die VAG Nürnberg im Zuge von Gleiserneuerungen im Spittlertorgraben die schon seit geraumer Zeit nicht mehr benutzte Schleife Obere Turnstraße vom Schienennetz abtrennen; ausreichende Wendemöglichkeiten gibt es ja am unweit gelegenen Knotenpunkt Plärrer.
Anstehende Veränderungen bei der Infrastruktur: Für Ende 2002 ist die Eröffnung der Verbindung Luitpoldhain – Dutzendteich über das neue Dokumentationszentrum Reichsparteitagsgelände vorgesehen, dies wird vermutlich auch eine Änderung von Linienwegen mit sich bringen. Im Jahr darauf soll die neue Schwerpunktwerkstatt Süd an der Katzwanger Straße (mit Streckenverlegung Frankenstraße – Trafowerk) in Betrieb gehen, was gleichzeitig das Ende des Betriebshofs Maximilianstraße und der Werkstatt Muggenhof bedeutet. All diese Baumaßnahmen werden bereits im Jahr 2002 immer wieder zeitweise zu Sperrungen oder Umleitungen im Straßenbahnnetz führen.
Nicht befriedigen kann die Entwicklung bei den Fahrgastzahlen. Waren es 1999 im Straßenbahnbereich (Linienverkehr) noch 31,48 Mio., so sank die Zahl im Geschäftsjahr 2000 auf 30,34 Mio., was aber auch mit der Verlängerung der U2 zum Flughafen (bei gleichzeitiger Zurücknahme der Straßenbahn) zu tun hat. Beim Fahrzeugpark befinden sich nun alle 26 GT8N-Triebwagen im Einsatzbestand (die letzten seit Anfang 2001). Ausgeschieden sind 2001 von den alten GT6-Gelenkwagen die Fahrzeuge 327, 336, 339 und 349 sowie die Beiwagen 1567, 1568, 1572, 1573 und 1575. ■

Verkehrs-AG Nürnberg (VAG)
Am Plärrer 27
90338 Nürnberg
www.vag.de

Streckennetz:

Linienzahl	*6*
Linienlänge	*42,4 km*
Spurweite	*1435 mm*

Fahrzeuge:

Triebwagen	*63*
Beiwagen	*11*

Betriebshöfe: *1*

Würzburg

Zum Fahrplanwechsel im Frühsommer kam es zu einer nicht unumstrittenen Streckenstilllegung im Stadtteil Heidingsfeld. Die Straßenbahnlinie 3 endet seither nicht mehr am Ostbahnhof, sondern wird zum Heuchelhof geführt. Damit weist der erst 1968 eröffnete, jedoch weitestgehend ohne eigenen Bahnkörper verlaufende Abschnitt Reuterstraße – Ostbahnhof seit Ablauf des 9. Juni 2001 keinen Schienenverkehr mehr auf; geänderte Buslinien haben die Bedienung übernommen.

Fortschritte macht die Vorbereitung der Umgestaltung der Straßenbahnanlagen im Hauptbahnhofsbereich. Im Dezember 2001 begann die öffentliche Auslegung der Pläne, bei reibungslosem Prozedere hofft die WSB, dass schon 2003 die Bauarbeiten beginnen können. Am Bahnhof wird eine völlig neu gestaltete Haltestellenanlage für alle den Hbf berührenden Linien entstehen, die Grombühl-Strecke wird dabei aus dem Haugerring ins Glacis zum Bahngelände hin verschoben.

Eine Netzerweiterung in Richtung Versbach ist kurzfristig leider immer noch nicht in Sicht, doch wird nun diskutiert, ob man nicht quasi als erste Stufe eine Verlängerung von der Schleife Grombühl zum neuen Uni-Klinikum in Angriff nehmen könnte.

Fahrzeugabgänge gab es im Jahr 2001 nicht. Hinzu kamen aus Stuttgart für die Arbeitslok drei gebrauchte Wagen, die in Würzburg die Betriebsnummern 290, 293 und 294 erhielten.

Für den Liniendienst stehen 20 fünfteilige Niederflurgelenkwagen (GT-N), 14 dreiteilige Doppelgelenktriebwagen (GT-E) und noch sieben GTW-D8 aus den sechziger und siebziger Jahren zur Verfügung. ■

Würzburger Straßenbahn GmbH (WSB)
Bahnhofstraße 12-18
97070 Würzburg
www.wvv.de

Streckennetz:

Linienzahl	5
Linienlänge	39 km
Streckenlänge	18 km
Spurweite	1000 mm

Fahrzeuge:

Triebwagen	41

Betriebshöfe: 1

Vom Ost- zum Hauptbahnhof in Würzburg kann man per Schiene nicht mehr mit der Tram fahren
U. ROCKELMANN

Mit dem VDVA in der Schweiz

Bild oben links: In Bern gingen die Verkehrsamateure mit dem historischen Triebwagen 145 auf Stadtrundfahrt
Alle Fotos G. H. Köhler

Ort der 52. Jahrestagung des Verbandes Deutscher Verkehrs-Amateure (VDVA) mit rund 50 Teilnehmern waren im August 2001 die Nahverkehrsbetriebe in der Nordwest- und Zentral-Schweiz.

In **Basel** gab's Sonderfahrten mit einem Combino und historischen Garnituren. Liebhaber der „Dante Schuggi" speisten in dem Restaurant-Triebwagen 450 auf abendlicher Rundfahrt. Eine Augenweide war die große Schau der zahlreichen hervorragend restaurierten historischen Fahrzeuge vor dem Depot Wiesenplatz.

Zu Ende geht es mit dem Obus in Basel. Nur noch zwölf Gelenkobusse sind auf den Linien 31 und 33 im Einsatz; die Linie 34 wurde auf Dieselbusse umgestellt und bis Bottmingen durchgebunden.

Bild unten: Basel verfügt über einen großen Bestand sehenswerter historischer Fahrzeuge

Den letzten „Straßenbahn"-Abschnitt in Oberdorf möchte die **Waldenburger Bahn** bald durch einen abgetrennten Gleiskörper ersetzen. Etwa ab 2005 muss neues Rollmaterial beschafft werden. Dies will die WB zur Umspurung von 750 mm auf Normalspur nutzen, um über SBB-Gleise bis Basel durchgehende Züge einrichten zu können. Alternativ gibt es Überlegungen, auf Meterspur umzustellen und die WB bis zur Endstelle der Tram in Pratteln zu verlängern, auf deren Strecke sie in die Stadt gelangen könnte.

Mit ungenügendem Zuspruch haben die Solothurn-Niederbipp-Bahn und die Oberaargau-Jura-Bahn – beide im Verbund des **Oberaargau-Solothurn-Seeland Transport** – zu kämpfen. Diese Meterspurbahnen mit einzelnen Ortsdurchfahrten im Straßenplanum stellen mehreren Kunden Normalspurgüterwagen auf Rollböcken (ab Langenthal) oder über ein Dreischienengleis (Niederbipp – Oberbipp Tanklager) zu.

Ein Leckerbissen ist die **Wynen- und Suhrentalbahn**, die sich zu einer modernen Überlandstraßenbahn gemausert hat. Ab Oberentfelden und Suhr wird auch hier mit Lokomotiven (43 und 44) Rollbockverkehr durchgeführt, trotz der Streckenführung auf Dorfstraßen in Seitenlage in Muhen (Umgehung im Bau) und zwischen Reinach und Menziken-Burg. Für den VDVA setzte die WSB abschnittsweise den historischen Zug ein. Die Ortsdurchfahrt von Reinach bis Menziken-Burg wird Ende 2002 aufgegeben

zugunsten einer Verlegung der Trasse auf die parallel verlaufende stillgelegte SBB-Strecke nach Beromünster.
Beim Regionalverkehr **Bern-Solothurn** waren neben 21 alten orangefarbenen Garnituren aus Trieb- und Steuerwagen die ersten von 15 Zügen mit Niederflur-Mittelteil von Stadler zu beobachten. Zur HVZ kommt u. a. auch der Uralt-Zug „Pendlerpintli" für je eine Fahrt zum Einsatz. Die Tramlinie G wird ausschließlich mit GT8 bedient. Man überlegt, die landschaftlich schönen Linien nach Worb Dorf auf moderne Garnituren umzurüsten.
Der größte Schweizer Trambetrieb in **Zürich** (VBZ oder Züri-Linie) einschließlich des berühmten Tram-Museums Zürich (TMZ) und die von der Stadt ausgehenden Überlandbahnen erforderten mehrere Tage Aufenthalt. Der noch durch zahlreiche Typenvarianten geprägte Straßenbahnverkehr befindet sich im Umbruch.
Einer der Höhepunkte der Tagung waren die Rundfahrten mit den historischen Fahrzeugen der VBZ und des TMZ. Die umfangreiche Museums-Sammlung soll aus dem kleinen historischen Depot Wartau (weitere Wagen sind in Oerlikon hinterstellt) in das leerstehende Depot Burgwies im Stadtteil Hirslanden umziehen (Linie 11).
Herrliche Ausblicke auf die Mittelgebirgslandschaft bot die Fahrt auf der inzwischen fast überall auf eigener Trasse verlaufenden **Bremgarten-Dietikon-Bahn**, teilweise mit einer alten Garnitur aus Partywagen BDe 4/4 10 samt Sommer-Beiwagen.
Auf der **Forchbahn** und der Uetlibergbahn rollten Museumszüge für die VDVA-Gruppe über die landschaftlich reizvollen Strecken.
In **Zug** begeisterte Orion-Bus 5 von 1899, der einige Runden drehte. Ein eigens dafür gezimmerter Holzschuppen beherbergt vorläufig den letzten Triebwagen der ehemaligen ESZ (Elektrische Straßenbahn im Kanton Zug), CFe 4/4 3. In einem alten Saurer-Omnibus mit Anhänger folgte die Gruppe der Linienführung der ESZ nach Oberägeri.
Ziel und Höhepunkt für die 30 Teilnehmer der Nachtagung war neben einer Fahrt aufs Gornergrat die neueste, kleinste, kürzeste und höchstgelegene Straßenbahn der Welt auf der **Riffelalp**. Bei der Fahrt mit dieser nur in der wärmeren Jahreszeit verkehrenden Bahn ist der Matterhornblick inbegriffen.

Bild oben Mitte:
In Zürich stand natürlich auch eine Tour mit dem Postrolli (hinter Triebwagen 102) auf dem Programm

Bild oben rechts:
Zwei Prachtstücke: Triebwagen 2 und Beiwagen 41 der Uetlibergbahn

Bild unten:
Der Höhepunkt: Riffelalptram mit Blick aufs Matterhorn

Gelenkwagen 12 der Albtalbahn, der erste AVG-Museumstriebwagen überhaupt, fährt wieder in der typischen „Poplackierung" der achtziger Jahre A. MÜLLER

Straßenbahnen im Museum

Die vier ausschließlich ehrenamtlich betriebenen (großen) Straßenbahnmuseen in Deutschland haben auch 2001 weiter an ihrer Konsolidierung gearbeitet, „nebenbei" regelmäßig Fahrbetrieb durchgeführt und mit interessanten Aktionen auf sich aufmerksam gemacht.

Lesend im gemütlichen Sessel sitzend, erscheint z.B. der Austausch von 30 m Gleis eher bescheiden. Nur wer wirklich einmal mit angepackt hat, weiß wie viele Stunden Knochenarbeit dafür erforderlich waren bzw. wie lange man danach noch jeden einzelnen Muskel spürt. Und leider waren es auch in 2001 wieder viel zu wenige, die einmal ihre Freizeit investiert haben, um ein Gleis durchzuarbeiten oder einen Wagenkasten gründlich zu entrosten, zu spachteln, zu grundieren und zu lackieren. Da ist es dann nicht mehr so selbstverständlich, dass die kleine Schar tatsächlich Aktiver es dennoch wieder geschafft hat, an den Öffnungs- bzw. Betriebtagen einen Fahrbetrieb durchzuführen.

Naumburg

Bei der einzigen innerstädtischen Museumsstraßenbahn in Naumburg an der Saale ist man in der glücklichen Lage, dass die Stadt sich nun um den Wiederaufbau (bzw. die Erneuerung) einiger Gleisanlagen kümmert. Seit dem 10. September 2001 laufen endlich die Bauarbeiten für die Abschnitte Jägerplatz – Bahnhof und Schwarzes Roß – Vogelwiese, wobei letzterer mit der städtebaulichen Umgestaltung des Jakobsrings gekoppelt ist. Allein diese Maßnahme kostet die Stadt Naumburg 1,2 Millionen Mark, wird aber aus Städtebaufördermitteln bzw. durch die Europäische Union finanziert. Ganz modern erhält die Nostalgietram in diesem Bereich sogar ein Rasengleis! Dort waren die Arbeiten im Dezember auch im Wesentlichen beendet, im Bereich der Jägerstraße sind die Arbeiten wesentlich umfangreicher: u.a. wird hier Naumburgs erste Ampel installiert!

Aus Jena konnte ein gut erhaltener Rekozug übernommmen werden: Triebwagen 137 (neue Nummer 51) und Beiwagen 186 (neu: 19).

Überraschend verstarb im März 2001 der Darmstädter Joachim Friedrich, der als Geschäftsführer der (betriebsführenden) Naumburger Straßenbahn-Gesellschaft als ein Vater des Museumsprojekts gilt.

Schönberger Strand

Auf 25 Jahre Saisonbetrieb konnte die Museumseisenbahn Schönberger Strand 2001 zurückblicken; Straßenbahnbetrieb gibt es immerhin auch schon acht Jahre. Neben der Reparatur von Wagen Hamburg 656 gingen die Substanz erhaltenden Arbeiten an den Betriebsfahrzeugen weiter. Erfreulicherweise konnte aus dem Projekt „Traumfabrik" der gut erhaltene Kieler Beiwagen 64 übernommen werden. Er ersetzt den wenig ansehnlichen, gleichen Wagen 68, der aus Platzgründen sofort ausgeschlachtet und verschrottet wurde. Regelmäßig arbeiteten Kieler Straßenbahnfreunde nun an Kieler Fahrzeugen: die Arbeiten konzentrieren sich derzeit auf den Triebwagen 241, der möglichst noch in der Saison 2002 in Betrieb genommen werden soll. „Nebenbei" hat man ein Auge auf den in Skjoldenæsholm weilenden PCC-Wagen (Hamburg 3060), der natürlich auch gewartet werden muss. Schließlich wurde die Fahrleitungsanlage vor der Wagenhalle weiter vervollständigt.

Wehmingen

Intensive Aktivitäten an der administrativen Seite beanspruchten den Verein Hannoversches Straßenbahnmuseum in 2001, bei denen manche Fragen des Museumsbetrieb ganz neu aufgerollt werden mussten. Die Museumsbahner sorgten in 2001 außerdem mit bemerkenswerten Aktionen für Publicity: Was in Köln der Karneval, ist in Hannover das Schützenfest mit dem „weltberühmten Schützenausmarsch". Die Brauerei Aulich ließ ihren Stahlwagen (Hannover 189) auf Gummirädern im Umzug mitrollen und fünf ganz mutige Mitglieder traten bei brütender Hitze zum Bärendienst an: uniformiert warfen sie die Gummibärchen unter das Volk, nachdem die 3000 kleinen Tütchen vorher mit kleinen Museums-Aufklebern versehen worden waren. Am 11. August 2001 beteiligte sich das Museum außerdem an der Aktion „Kulturfeuer" mit Open-Air-Kino („Buena Vista Social Club") und Tanzveranstaltung bis zum frühen Morgen. Mehrere tausend Besucher wurden gezählt.

Der echte Star des Jahres aber war „Warschau 66" (Kassel 223). Für einen Polanski-Film über das Warschauer Ghetto („The Pianist") im Babelsberger Studio auf polnisch getrimmt, lösten die Presseberichte nach Rückkehr des Fahrzeugs einen sehr lebhaften Strom von (neuen) Besuchern aus, die die Filmrequisite einmal sehen bzw. sogar „erfahren" wollten. Einige echte Freaks („Nietenzähler") rümpften zwar die Nase, die Besucher waren jedoch total begeistert, sorgten für Einnahmen und damit letztlich auch den weiteren Aufbau des Museums.

Harte Handarbeit: Schwellentausch an der BMB-Strecke zwischen Kaltenbach und Greuel H. G. Fey

In Wehmingen (Foto) und anderswo gibt es nicht nur viel zu sehen, sondern auch weiterhin viel zu tun
F. MUTH

Die Gleisarbeiten an der Verbindungsschleife gingen planmäßig weiter, außerdem konnten durch Umbau einiger Werkshallen im Gelände weitere Fahrzeuge trocken gestellt werden, was wiederum Voraussetzung für die weitere Elektrifizierung des Rundkurses ist. Die Straßenbahn-Lokomotiven Duisburg 100 und Filderbahn 1 erhielten einen Neuanstrich. Interessanter Neuzugang: Mit Magdeburg 1008 findet der erste Tatra-Wagen (T4D) in einem Westmuseum ein Zuhause. Dafür ging ein hannoverscher KSW-Beiwagen nach Magdeburg.

Wuppertal-Kohlfurt

Eine Woche Urlaub opfert ein halbes Dutzend Mitglieder der Bergischen-Museumsbahnen (BMB) in Wuppertal jedes Jahr, um konzentriert die nötigen Unterhaltungsarbeiten am Gleiskörper vorzunehmen. Ein Gleistausch im Betriebshof und die Nacharbeitung der Kurve Petrikshammer waren dieses Jahr vordringlich, sodass die Wiederinbetriebnahme des Reststückes der Strecke von Greuel bis Möschenborn leider noch nicht erfolgen konnte. Auch in den nächsten Jahren werden größere Teile der Strecke nachgearbeitet werden müssen. An der endgültigen Fertigstellung des Triebwagens 159 wird weiter intensiv gearbeitet, auch wurden an einigen Arbeitsfahrzeugen Substanz erhaltende Maßnahmen durchgeführt. Die laufende Restaurierung des Holzaufbaus von Triebwagen 94 (Barmer Bergbahn) kommt praktisch einem Neuaufbau gleich, nur Teile des Daches und des stählernen Bodenrahmens haben die vielen Jahre im Freien einigermaßen unbeschadet überstanden.

Eine schöne Anerkennung für die bei den bergischen Museumsbahnen geleistete Arbeit ist das Leservotum für den erstmals gemeinsam ausgelobten Förderpreis von Lok Magazin und Straßenbahn Magazin, der also nicht an eine Eisenbahn geht, sondern zur Museumstram ins Bergische: eine Spende von 10.000 Mark für die weitere Restaurierung des Wagens 159.

Weitere Aktivitäten

Nicht nur bei den vier großen Museen tat sich Einiges im Jahre 2001. Darüber hinaus wurden auch anderenorts Fahrzeuge wieder zum Leben erweckt oder lange gehegte Wünsche erfüllt, all dies kann hier nur ansatzweise erwähnt werden. Eine ganz besondere Leistung ist zweifellos die fahrfähige Restaurierung des ersten KT4D (Potsdam 001) durch den Denkmalpflege-Verein Nahverkehr Berlin. Eine Premiere konnte die Albtalbahn feiern, die den Rastatter Gelenkwagen 12 wieder in der typischen „Poplackierung" der achtziger Jahre aufarbeitete und als ihren ersten Museumstriebwagen präsentierte; auch Düwag-Wagen 104 soll demnächst museal aufbereitet werden. Ähnliche Erfolge bei der Wiederherstellung des alten Farb-Bildes konnten auch die Betreuer historischer Wagen der Üstra (Gelenkwagen 522 fährt hier wieder in beige und mit „Schnurrbart") und der Braunschweiger Verkehrsbetriebe melden – dies nur als Beispiele.

Auch ein paar Meter abseits der Strecken geschehen hier und dort bemerkenswerte Dinge. So wurde im November 2001 auf private Initiative von Mitarbeiter Rüdiger Lippke in einem Nebengebäude des Betriebshofs Hebestraße der Offenbacher Verkehrsbetriebe (OVP; hier war auch das frühere Straßenbahndepot) ein kleines OVP-Museum eingerichtet; es soll weiter ausgebaut werden. Im Jahre 2002 soll das kleine Museum an der früheren Endstelle der Tramlinie 16 jeweils einmal monatlich an einem Samstag geöffnet werden. ■

Üstra-Wagen 522 hat den grünen Lack verloren und geht wieder mit „Schnurrbart" auf Tour
W. Mönch

Zur Eröffnung des neuen Betriebshofes in Potsdam rollt der vorzüglich restaurierte KT4D 001 wieder ins Rampenlicht
B. Schulz

Straßenbahnen in Österreich

Ein markantes neues Gesicht auf Österreichs Tram-Gleisen: Cityrunner 664 auf Linie 3 am Jakominiplatz, dem zentralen Straßenbahn-Knotenpunkt der steirischen Landeshauptstadt Graz W. KAISER

664

Die Vollwerbung am Gmunder Triebwagen 10 (hier beim ÖBB-Bahnhof Gmunden) macht auch vor den Fenstern nicht Halt S. PAUSCH

Bild unten Mitte: „Gib 8 auf 6! Dieser 8-Achser war ein 6-Achser“ Mit diesem Slogan machen die GVB auf ihre Wagen 581-584 aufmerksam, die durch Einfügen von Mittelteilen ausgemusterter „Wuppis“ zu Achtachsern wurden W. KAISER

Stern & Hafferl Verkehrsgesellschaft mbH
Kuferzeile 32
A-4810 Gmunden
www.stern-verkehr.at

Linien:	*1*
Spurweite:	*1000 mm*
Linienlänge:	*2,3 km*
Triebwagen:	*3*
Betriebshöfe:	*1*

Gmunden

In absehbarer Zeit ist an den Ersatz der 50 Jahre alten Vierachser 9 und 10 gedacht, die 1977 bzw. 1983 von der Vestischen Straßenbahn übernommen wurden. Ob neue Fahrzeuge beschafft werden, oder ob man – wie bei Stern & Hafferl schon vielfach erfolgreich praktiziert – wieder Gebrauchtfahrzeuge übernimmt, wurde seitens der Geschäftsleitung noch nicht entschieden. Bei einem Neukauf käme beispielsweise eine kurze Version des Combinos von Siemens in Frage.

Auch in Gmunden hat man Werbung als Einnahmequelle entdeckt: Nachdem zuvor nur kleinere Werbeplakate an den Wagen angebracht wurden, kann man den Wagen 10 seit Frühjahr 2001 mit Vollwerbung für eine oberösterreichische Tageszeitung bewundern, die auch vor den Fenstern im Fahrgastraum nicht Halt macht.

Graz

Die öffentliche Präsentation der ersten Cityrunner erfolgte am 3. März 2001 im Rahmen eines Tages der offenen Tür in der Remise Steyrergasse, wo für die neuen Fahrzeuge – entgegen ursprünglichen Planungen in der Nummerngruppe 651 ff. zusammengefasst – eine neue Wartungs- und Reparaturhalle errichtet wurde. Nach sporadischen Einsätzen im Linienbetrieb ab 5. März konnte man die Niederflurwagen dann ab Mitte April regelmäßig auf den Linien 4, 5 und 7 antreffen. Bis Ende Oktober wurden alle 18 Fahrzeuge (651-668) in Betrieb genommen, die mittlerweile schon auf allen Linien – einschließlich der Messelinie 14 und der Friedhofslinie 15 – eingesetzt wurden. Wagen 661 weilte vom 9.–13. Juni 2001 zu Demonstrationsfahrten in Warschau, wo er auch im Personenverkehr zum Einsatz kam. Als Folge der Neuzugänge wurden im Laufe des Jahres insgesamt acht Sechsachser der Serie 261 ff. aus den Jahren 1963-66 abgestellt (264, 269, 274, 275, 277, 280, 281, 283), womit von der ältesten Grazer Wagenserie nur noch zehn Exemplare im Einsatz stehen. Während die Cityrunner allesamt noch ohne Werbung unterwegs sind, verkehren von den 53 Fahrzeugen der anderen Bauarten zur Zeit nicht weniger als 32 mit Vollwerbungen. Durch den gemein-

Grazer Stadtwerke-Verkehrsbetriebe (GVB)
Steyrergasse 114
A-8010 Graz
www.gstw.at

Linien:	*6*
Spurweite:	*1435 mm*
Linienlänge:	*44,6 km*
Triebwagen:	*79*
Betriebshöfe:	*2*

samen Einsatz von Cityrunnern und alten Sechsachsern gestaltet sich der Betrieb noch abwechslungsreicher als zuvor. Im Betriebsstand befinden sich folgende Achtachser-Serien: 501-510 (SGP 1978), 521-537 (1989-94, ex Duisburg, Düwag 1971-73), 581-584 (1997-98, ex Serie 261 ff. mit Mittelteilen ausgemusterter ex-Wuppertaler), 601-612 (SGP 1986-87, 1999 mit Niederflur-Mittelteilen von SGP zu Achtachsern erweitert).

Innsbrucks Lohner-Sechsachser 71 im neuen weißen Farbkleid mit rotem Zierstreifen an der Dachkante auf Linie 1 in der Andreas-Hofer-Straße
A. Freisinger

Innsbruck

Ein Beschluss des Gemeinderates vom 28. Oktober 2001 beendete nun endlich die Diskussionen um den Fortbestand der Straßenbahn. Demnach bleibt die Straßenbahn nicht nur erhalten, es soll auch ein Großteil der derzeit bestehenden O-Buslinien O und R auf Trambetrieb umgestellt und gleichzeitig der Betriebszweig O-Bus eingestellt werden. Das ambitionierte Vorhaben sieht die Umstellung der kompletten Linie O (Peerhofsiedlung – Hötting – Zentrum – Pradl – Olympisches Dorf) bis 2007 und die Umstellung des westlichen Astes der Linie R (Zentrum – Universitätsklinik – Hötting West, Steinbockweg) bis zum Jahr 2010 vor. Dieser Ast soll dann von der Linie 3 bedient werden, die ja zur Zeit nur zwischen Amras und dem Zentrum verkehrt. Weiters soll die Linie 3 im Stadtteil Amras um einige hundert Meter bis Amras Ort verlängert werden und die Linie 1 eine neue Endstelle beim Tivoli-Stadion erhalten (Verlängerung ab Endstelle Bergisel). Mit dem Beginn der Bauarbeiten ist 2004 zu rechnen und nach Fertigstellung der ersten Abschnitte soll der O-Bus-Betrieb im Jahr 2007 aufgegeben werden.
Für den Ersatz des veralteten Wagenparks sowie für den Betrieb auf dem erweiterten Streckennetz werden insgesamt 44 neue Fahrzeuge benötigt, die noch in diesem Jahr ausgeschrieben werden sollen (Länge 26 bis 28 m, Breite 2,40 bis 2,65 m, Kapazität 165 Fahrgäste). Die ebenfalls in der Ausschreibung enthaltenen Fahrzeuge für die Stubaitalbahn sollen 36 m lang sein, aus Kostengründen jedoch wie die Flotte für das Stadtnetz als Einrichtungswagen ausgeführt werden. Aus diesem Grund sieht der Beschluss auch den Bau einer Wendeschleife in Fulpmes und die Errichtung beidseitiger Bahnsteige an den Überland-Haltestellen vor. Die Auslieferung der Wagen soll 2004 beginnen und nach der Fertigstellung aller Neubauprojekte im Jahr 2010 abgeschlossen sein.

Innsbrucker Verkehrsbetriebe und Stubaitalbahn GmbH (IVB)
Pastorstraße 5
A-6020 Innsbruck
www.ivb.at

Linien:	*4*
Spurweite:	*1000 mm*
Linienlänge:	*41,7 km*
Triebwagen:	*29*
Betriebshöfe:	*1*

Linz

Wegen der verspäteten Auslieferung der Grazer Cityrunner geriet im Bombardier-Werk Wien auch der Zeitplan für die Lieferung der Linzer Ausführung dieses Typs durcheinander und das erste Fahrzeug konnte erst am 9. Oktober 2001 per Straßenroller die Reise nach Linz antreten. Obwohl zur selben Familie gehörend, unterscheidet sich das Linzer Fahrzeug äußerlich – abgesehen von der größeren Länge – sehr stark von der Grazer Version, zumal man sich in Linz für eine anderes gestaltete Frontpartie und mehr Einstiegstüren entschied. Der Cityrun-

Mit dem Cityrunner, hier Wagen 001, fährt Linz in die Straßenbahn-Zukunft
R. SCHREMPF

ner, für den die Bezeichnung 001 vorgesehen ist, wurde am 9. November 2001 gemeinsam mit der kurz zuvor fertiggestellten Neubaustrecke Simonystraße – Ebelsberg, Hillerstraße der Öffentlichkeit vorgestellt. Die Eröffnung der Strecke wird sich aber wegen der verspäteten Auslieferung der neuen Wagen noch bis zum Frühjahr 2002 verzögern, denn wegen des erhöhten Wagenbedarfes müssen zuvor drei Cityrunner in Betrieb genommen werden. Zunächst wird die neue, 3,6 km lange Strecke, die im Zentrum von Ebelsberg teilweise eingleisig ausgeführt wurde, für Probefahrten mit den neuen Wagen genützt. Nach der Eröffnung wird jeder zweite, von der Universität kommende Zug der Linie 1 ab der Kreuzung Wiener Straße/Simonystraße weiter nach Ebelsberg fahren.
Neben den Cityrunnern stehen zur Zeit folgende Fahrzeuge für den Linienbetrieb zur Verfügung: 41–56 (Zehnachser, Rotax 1985–86), 61–67 (Achtachser, Lohner 1970–71), 68–79 (Zehnachser, Lohner 1977), 81–85, 87, 88 (Achtachser, Lohner 1970–72).

Linz Linien AG
Fichtenstraße 7
A-4020 Linz
www.linzlinien.at

Linien:	*2*
Spurweite:	*900 mm*
Linienlänge:	*17,2 km*
Triebwagen:	*42*
Betriebshöfe:	*1*

Wien

Das Jahr 2001 brachte keine größeren Veränderungen im Liniennetz, es wurden lediglich die Sonderverkehre zum Stadion und zum Zentralfriedhof (Allerheiligen) neu geordnet. Das Liniensignal der anlässlich der U 3-Verlängerung nach Simmering am 2. Dezember 2000 eingestellten Linie 72 wird nun sowohl für die Stadion-Einlagezüge des Betriebsbahnhofes Simmering (statt 71) als auch für die am 1. November verkehrenden Verstärkerzüge zwischen der Grillgasse und dem Zentralfriedhof weiter verwendet. Ansonsten wurde zu Allerheiligen mit den planmäßig hier verkehrenden Linien 6 und 71 das Auslangen gefunden, sodass man die Linie 35 (Betrieb nur am 1. November) nun endgültig als eingestellt betrachten kann.
Der Stadionverkehr wird hingegen immer abwechslungsreicher, denn am 9. Mai 2001 verkehrte erstmals seit 1961 wieder die Linie 43 (Stammstrecke Schottentor – Neuwaldegg) zum Stadion, womit nun neben der Stammlinie 21 bei entsprechenden Zuschauerzahlen nach Veranstaltungsende bis zu fünf Einlagelinien (O, 29, 43, 45, 72; meist je fünf Züge) zu beobachten sind. Aber auch für den Stadionverkehr sind die Tage mittelfristig gezählt, denn die Bauarbeiten für die U 2-Verlängerung nach Stadlau (ab Schottenring über Praterstern – Messe – Stadion) haben bereits begonnen, die Eröffnung ist für 2007 geplant.
Die technischen und bürokratischen Hürden zur Zulassung der neuen Niederflurwagen (ULF) konnten im Frühjahr 2001 endlich aus dem Weg geräumt werden, und nach der Inbetriebnahme der teilweise schon länger darauf wartenden Wagen A 12-20 und B 639-654 wurden die letzten Wagen des zweiten Bauloses (A 21-29) bis September zügig in Betrieb genommen. Die genannten B-Wagen stellen nun einen Großteil des Auslaufes der vom Bhf. Floridsdorf betriebenen Linie 31 (Schottenring – Stammersdorf), alle 18 A-Wagen des zweiten Bauloses wurden beim Bhf. Ottakring für den Einsatz auf den Linien J und 46

stationiert. Damit kommen erstmals planmäßig Niederflurwagen auf der Ringstraße (Linie J, Abschnitt Parlament – Oper) zum Einsatz, wenn auch der Ersatz der Beiwagenzüge E1+c3 durch die kleinen ULF des Typs A oft überfüllte Bahnen mit sich bringt. Die 2001 in Betrieb genommenen Wagen sind jedenfalls die ersten Wiener Straßenbahnzüge mit Rückblickspiegel und Notbremsüberbrückung für die Tunnelstrecken.

Durch die steigende Zahl an Niederflurwagen werden die teilweise bereits über 40 Jahre alten und stets solo fahrenden Gelenkwagen des Typs E zunehmend entbehrlich. Von den ursprünglich 89 Fahrzeugen sind nur noch 25 Exemplare vorhanden, die alle im Bhf. Speising für den Einsatz auf der Linie 62 (max. 19 Wagen) zusammengezogen wurden. Im vergangenen Jahr endete der E-Einsatz bei den Betriebsbahnhöfen Favoriten (Linie O), Gürtel (Linien 37 und 42) und Hernals (Linien 9 und 44). Diese Linien werden jetzt mit Solowagen der Type E1 bedient, auf der Linie 37 kommen auch – vorläufig aber nur an Wochenenden – solo fahrende E2 (Typ Mannheim) zum Einsatz.

Ausgemustert wurden 2001 auch erstmals zehn betriebsfähige Vertreter der stärkeren Type E1 (4751, 53, 54, 58 – 60, 64 – 67), die vom Verkehrsbetrieb der Stadt Rotterdam (RET) wegen akuten Wagenmangels erworben wurden (siehe dort). Die RET übernahm außerdem als Ersatzteilspender die beiden E 4626 und 4629.

Nur vorübergehend konnte man dagegen eine Wiener „Bim" in München beobachten: Der ULF A 15 absolvierte im Oktober/November 2001 fünf Wochen lang Publikums-Demonstrationsfahrten zwischen Karlsplatz und Westfriedhof (Linie 21) und nahm auch an der großen Jubiläumsparade „125 Jahre Straßenbahn" am 27. Oktober 2001 teil.

Das nächste, bis Ende 2003 auszuliefernde Baulos an Niederflurwagen umfasst die A 30-35 sowie die B 655-676 und soll komplett beim Betriebsbahnhof Hernals zum Einsatz auf den Linien 43 (B) und 44 (A) beheimatet werden. Im Zusammenhang mit der Inbetriebnahme weiterer ULF geht auch die Zahl der eingesetzten Beiwagen zurück, so werden zur Zeit bei einem Gesamtauslauf von 456 Triebwagen (23 A, 44 B, 19 E, 271 E1, 99 E2) nur noch 300 Beiwagen (137 c3, 64 c4, 99 c5) benötigt. Nicht mehr im Betriebsstand sind die ältesten vierachsigen Großraumbeiwagen der Type c2 (Nr. 1001-1090, Bj. 1954-1959), deren letzte Vertreter mit 16. Juni 2001 ausgemustert wurden.

Bei den Wiener Lokalbahnen (WLB) kommen die neuen Niederflurwagen der Type T 400 seit Dezember 2000 auch in Doppeltraktion zum Einsatz. Mit vier der sechs vorhandenen Wagen (401-406) werden zwei der zehn Kurse nach Baden, Josefsplatz geführt, die übrigen beiden Fahrzeuge finden – nach Verfügbarkeit – als solo fahrende HVZ-Verstärker nach Wiener Neudorf Verwendung. Ein ursprünglich geplanter Einsatz von gemischten Doppeltraktionen aus T 400 und den herkömmlichen Achtachsern 101-126 kam wegen großer technischer Unterschiede nicht zustande. ■

Wiener Linien AG
Erdbergstraße 202
A-1030 Wien
www.wienerlinien.at

Linien:	32
Spurweite:	1435 mm
Linienlänge:	236 km
Triebwagen:	555
Beiwagen:	369
Betriebshöfe:	9

(+ 2 Wagenhallen ohne eigene Verwaltung und Werkstatt)

Seit April 2001 steht die zweite Serie der langen „Ulfe", Typ B, auf der Linie 31 im Einsatz: Wagen 648 auf der Augartenbrücke nahe der Endstelle Schottenring
W. Kaiser

TIVOLI
10
Rodersdorf
←WC

Schweizer Straßenbahnen

Nicht nur in den vier klassischen Straßenbahn-Städten der Schweiz - Basel, Bern, Genf und Zürich – ist im Jahr 2001 eine Menge geschehen, auch bei den zahlreichen für die Schweiz so typischen Überlandbahnen. Erwähnt werden sollen zumindest zwei Punkte: das Riffelalp-Tram ist wieder da (siehe den Bericht über die VDVA-Jahresfahrt auf S. 88–89), und in Bex geht es mit dem herkömmlichen Betrieb bei der - wenn man so will – nach der Riffelalp-Tram kleinsten eidgenössischen Straßenbahn zu Ende.

Ein Zug der Linie 10 befährt das kurze neue Streckenstück der Linien 10 und 11, das straßenbahnmäßig in der Basler Centralbahnstraße Ost verläuft   D. Madörin

Die neuen Basler Combinos (Be 6/8 301-328) prägen jetzt das Bild der Linien 6 und 8
D. MADÖRIN

Bild unten: Ein Zug der Linie 11 verlässt den neuen Viadukt neben den Gleisen des Bahnhofs Basel SBB und schwenkt dann in die alte Streckenführung ein
D. MADÖRIN

Basler Verkehrs-Betriebe (BVB)
Claragraben 55
CH-4005 Basel
www.bvb.bsonline.ch

Baselland Transport AG (BLT), Grenzweg 1
CH-4104 Oberwil
www.blt.ch

Streckennetz:

Linien	9 BVB, 3 BLT
Linien-länge	73 km BVB, 52 km (BLT) *
Spurweite	1000 mm
Depots	3 BVB, 2 BLT

Fahrzeuge:

Motorwagen	145 BVB, 81 BLT
Anhänge-wagen	100 BVB, 14 BLT

**Linien der BVB verkehren auf Strecken der BLT und umgekehrt*

Basel (BVB/BLT)

Die Ablieferung der neuen Straßenbahnwagen Be 6/8 301-328 (Combino) schritt zügig voran. Bis Ende 2001 waren die meisten der insgesamt 28 Fahrzeuge in Basel eingetroffen. Haupteinsatzgebiet sind die Linien 6 (Allschwil – Riehen) und 8 (Neuweilerstrasse – Kleinhüningen). Noch sind nicht alle Strecken für die breiteren Fahrzeuge zugelassen.

Neue Combinos erlaubten die Ausmusterung von Altwagen. Letztmalig verkehrte am 14. August 2001 mit dem Be 4/4 452 ein vierachsiger Standard-Großraumwagen der ersten Generation im Fahrplaneinsatz. Bis auf den Be 4/4 413, der als Museumswagen erhalten bleibt, sind alle Fahrzeuge dieser Bauart verschwunden und meist abgebrochen worden. Der Be 4/4 456 gelangte als Arbeitswagen nach Belgrad.

Ebenfalls nach Belgrad abgegeben werden bis im Frühjahr 2002 alle Düwag-Gelenkmotorwagen der ersten Serie von 1967 (Be 4/6 603-622). Die ersten davon verließen Basel bereits im August bzw. Oktober 2001, ebenso die Be 4/6 630 und 632 der zweiten Düwag-Serie von 1972 und alle noch vorhandenen Beiwagen B 1401...1415 der Bauart 1947/48.

Bis zum Redaktionsschluss übernahm die BLT (Baselland Transport AG) von den BVB (Basler Verkehrs-Betriebe) die Düwag-Be 4/6 623 (neu 123), 635 (neu 135) und 641 (neu 141), weitere folgen. Zur BLT wechseln auch einige Beiwagen B 1416 ff. Dies machte die Ausmusterung aller noch vorhandener Dreiachs-Beiwagen (B3 1335...1344) möglich, die ebenfalls nach Belgrad abgegeben wurden.

Die Federführung beim Export ausgedienter Basler Straßenbahnwagen hat das Schweizer Staatssekretariat für Wirtschaft (seco), das auch die Kosten von rund drei Millionen Franken übernahm.

Am 19. Juni 2001 wurde die neue Linienführung der Vorortslinien 10 und 11 zwischen Münchensteinerstrasse und Aeschenplatz in Betrieb genommen. Kernstück ist ein neuer Viadukt entlang den Gleisanlagen des Bahnhofs SBB. Die beiden Linien verkehren neu über den Centralbahnplatz. Dies ermöglicht es, die Linie 1 bereits dort statt wie bisher an der Schifflände zu wenden. In Spitzenzeiten wird sie zur neuen Schlaufe beim Badischen Bahnhof weitergeführt.

Unter dem Namen „Bernmobil" und in neuer roter Farbgebung fährt Berns Tram Richtung Zukunft
P. WILLEN

Bern

Das neue Erscheinungsbild der sich seit April 2001 offiziell „Bernmobil" nennenden Verkehrsbetriebe wird konsequent umgesetzt. Auch die alten Be 8/8 711-726 erhalten eine knallrote Farbgebung, sofern sie keine Werbung tragen. Erster Vertreter waren die Be 8/8 716 und 724.

Ende April erfolgte die Bestellung der 15 neuen Combinos Nr. 751-765. Diese sind mit 30,50 m kürzer als jene von Basel und sollen 2002/03 in Bern eintreffen. Voraussichtlich werden alle Be 4/4 621-630, die meisten Anhängewagen B 321...340 sowie die Be 8/8 711, 712, 713, 714 und 717 ausgemustert und nach Rosario (Argentinien) abgegeben.

Das neue, rechnergesteuerte Betriebsleitsystem konnte nach und nach in Betrieb genommen werden.

Beim Straßenbahnprojekt Bern-West (rund 7,5 Kilometer Neubaustrecken) wurden verschiedene Einzelprojekte ausgewählt, die nun zu einem Gesamtprojekt ausgearbeitet werden sollen. Realisierung frühestens ab 2004, Kosten rund 100 Millionen Franken (ohne zusätzliches Rollmaterial).

Genf TPG

Jahrelang war die Linie 12 Bachet – Moillesulaz das letzte Überbleibsel eines einst ausgedehnten Straßenbahnnetzes. 1995, mit der Eröffnung der Linie 13 von Bachet zum Bahnhof Cornavin, erfuhr das Netz erstmals wieder eine Ausdehnung. 1998 kam die Linie 16 von Moillesulaz nach Cornavin dazu. Im September 2001 begannen die Arbeiten an der Strecke „Sécheron" in der Rue de Lausanne. Diese 2,2 km Strecke messende Verlängerung der Linie 13 führt vom Bahnhof Cornavin zum Place des Nations (UNO) und soll Weihnachten 2003 in Betrieb genommen werden. Die Arbeiten konnten beginnen, nachdem der Bundesrat der Genfer Sektion des unbelehrbaren Schweizer Automobilclubs TCS die Legitimation verwehrte, gegen einen Kredit zur Erneuerung von Abwasserleitungen Einsprache zu erheben und so den Bau der Strecke zu verhindern. Das Projekt (Umfang 86 Millionen Franken) umfasst 4,3 Kilometer neue Gleise, eine Bahnstation im Sécheron-Quartier, die Verlängerung der Buslinie 1 etc.

Der Konzessionsantrag für die neue Stre-

Bernmobil
Städt. Verkehrsbetriebe Bern
Eigerplatz 3
CH-3007 Bern
www.svb-bern.ch

Streckennetz:

Linien	*3*
Linienlänge	*17 km*
Spurweite	*1000 mm*
Depots	*2*

Fahrzeuge:

Motorwagen	*38*
Anhängewagen	*17*

Die Linie 12 Bachet – Moillesulaz war jahrelang das letzte Überbleibsel eines einst ausgedehnten Straßenbahnnetzes
M. BROENNLE

cke Bahnhof Cornavin – Meyrin – Cern ging an das Bundesamt für Verkehr (BAV). Im Planungsstadium befindet sich die Linie „Acacias" – vermutlich Nr. 17 – von Plainpalais zum Pont Rouge in Lancy, die Einsprachen bei diesem Projekt sind nach Korrekturen der Pläne zurückgezogen worden. Tramfreunde können der Entwicklung in Genf also optimistisch entgegensehen, der Bau weiterer Linien ist nur eine Frage der Zeit.
In jüngster Zeit wurden auch mehrere Haltestellen verlängert, um die neu geschaffenen, 54 m langen Kompositionen von Be 4/6+Be 4/8 aufnehmen zu können.
Beim Rollmaterialbestand haben sich keine Veränderungen ergeben. Es bestehen die beiden Typen Be 4/6 und die daraus entstandenen Be 4/8 mit „Sänften". Am 1. Oktober 2001 wurde die Lieferung von rund 40 Zweirichtungsfahrzeugen in drei Baulosen zwischen 2003 und 2010 öffentlich ausgeschrieben. Diese sollen den Bedarf für die künftigen Linien decken. Die Anforderungen umfassen auch eine Lieferung auf Leasing-Basis sowie eine Rücknahmeofferte nach 15 Betriebsjahren.
Der Fahrzeugeinsatz auf den Linien 13 und 16 sieht unverändert den Typ Be 4/8 vor. Auf der Linie 12 verkehren zwei Be 4/6 in Doppeltraktion, neuerdings auch zwei Kurse mit Be 4/6 + Be 4/8. An Sonntagen ruhen alle Be 4/6 und werden durch solo fahrende Be 4/8 ersetzt.
Eine erwähnens- und begrüßenswerte Neuerung in der Tarifstruktur ist sicherlich, dass das Halbtaxabonnement der SBB (ähnlich der Bahncard) seit Sommer 2001 auf dem Netz der TPG gültig ist.

Transport Public Genevois (TPG)
Case postale 950
CH-1212 Grand-Lancy
www.tpg.ch

Streckennetz:

Linien	*3*
Linienlänge	*21 km*
Spurweite	*1000 mm*
Depots	*1*

Fahrzeuge:

Motorwagen	*46*

Zürich

Am 18. Mai 2001 traf endlich der erste der neuen fünfteiligen Gelenkwagen mit der Nummer 3001 in Zürich ein. Der Wagen vom Typ Cobra erhielt offiziell die ungewöhnliche (und falsche) Bezeichnung Be 5/6 (das verwendete Antriebskonzept ist in den Richtlinien zur Bezeichnung schweizerischer Schienenfahrzeuge nicht vorgesehen!) und bringt den VBZ (Verkehrsbetriebe Zürich) den zunächst verpassten Einstieg in die Niederflurtechnik.
Die drei unter dem ersten, dritten und fünften Wagenteil liegenden Fahrwerke besitzen radial einstellbare Losräder ohne durchgehende Achsen. Die Anlenkung erfolgt mittels Hebeln vom Gelenk aus. Über jedem Radkasten befindet sich eine Vierersitzbank. Zwischen zwei derartigen Sitzbänken ist eine dritte angeordnet, unter der sich der Antriebsmotor befindet. Dieser treibt die zwei ihm benachbarten Räder einer Wagenseite an. Das Fahrwerk unter dem mittleren Wagenteil weist nur links einen Motor auf. So konnte gegenüber eine Türe eingebaut werden. Die insgesamt fünf Motoren haben eine maximale Leistung von je 125 kW. Der Fahrgastraum des 36 m langen Wagens kann durch sieben je 1,30 m breiten Schwenkschiebetüren betreten werden. Die Fahrzeugbreite liegt mit 2,40 m um 20 cm über der herkömmlicher Wagen. Das Gesamtgewicht beträgt 39,2 t, die Höchstgeschwindigkeit 70 km/h.

Cobra-Tram und Tram 2000 mit Sänfte bringen jetzt Niederflur-Komfort auch nach Zürich
G. H. KÖHLER (2)

Am 28. September 2001 erteilte das Bundesamt für Verkehr die Betriebsbewilligung. Seit Ende Oktober zirkuliert der Wagen 3001 auf der Linie 9 (Triemli-) Heuried – Hirzenbach. Nach Auslieferung des letzten von sechs Wagen der Nullserie werden die Cobras während zwölf Monaten auf ihre Alltagstauglichkeit getestet. Dieser Zeitraum sollte ausreichend Datenmaterial liefern, um den definitiven Liefervertrag über die restlichen Fahrzeuge unterschriftsreif zu gestalten. Die erste Folgeserie von elf Fahrzeugen soll von Sommer 2004 bis Sommer 2005 geliefert werden, die zweite von 58 Fahrzeugen gleich anschließend. Die letzte Cobra soll im Frühjahr 2010 den VBZ übergeben werden. Alle 75 Fahrzeuge werden in der Schweiz hergestellt.

Im August 2001 erhielt auch das erste mit einem Niederflurmittelteil erweiterte Tram 2000 die Betriebszulassung. Der neue Wagenteil in herkömmlicher Bauweise (also keine Kunststoff-Wickeltechnik wie bei den Basler Be 4/6 659-686) des Be 4/8 2113 ist 7,50 m lang und hat einen 35 cm hohen Einstieg. Über drei Trittstufen erreicht man das Hochflurniveau. 30 bis 50 Tram 2000 mit „Sänften" sollen ab Ende 2002 für die notwendige Kapazitätserweiterung auf den Linien 5, 6 und 10 sorgen.

Die Konzession für die Stadtbahn im Glatttal wurde im März 2001 erteilt. Die Länge der Neubaustrecke beträgt 12,7 Kilometer und umfasst 20 Haltestellen mit einem durchschnittlichen Abstand von 600 Metern. Spurweite und Betriebsspannung sind kompatibel mit dem städtischen Straßenbahnnetz. Bis 2005 soll die Linie A vom Bahnhof Oerlikon nach Kloten und bis 2008 die Linie B nach Stettbach gebaut werden.

Eine geplante kurze Verlängerung der Strecke zum Zoo scheint dagegen in naher Zukunft nicht realisierbar zu sein. Trotzdem wird zur Zeit eine Minimalvariante ausgearbeitet.

In Zürich häufen sich die Unfälle infolge falscher Weichenstellung. Am 2. Februar 2001 entgleiste beispielsweise der Zug Be 4/6 1644+Be 4/6 1713 der Linie 13 (Albisgütli – Frankental) bei der Schlaufe Wartau. Dabei wurde der führende Motorwagen massiv beschädigt. Nun wird intensiv eine automatische Ansteuerung erprobt. Die Weichen sollen über die Betriebsleitzentrale Angaben über den Fahrweg des nächsten Fahrzeuges erhalten.

Voraussichtlich erhält die Stadt Zürich bis etwa 2005 im ehemaligen, 1893 erbauten Straßenbahndepot Burgwies ein weiteres, weitaus größeres Straßenbahnmuseum. Rund 25 historische Fahrzeuge und weiteres Ausstellungsgut könnten präsentiert werden.

Am 18. August 2001 wurde nach fünfjähriger Aufarbeitung der Ce 2/2 2 „Lisbethli" (Bj. 1900) der ehemaligen Limmattal-Straßenbahn wieder in Betrieb genommen. ■

Verkehrsbetriebe Zürich (VBZ)
Luggwegstrasse 65
Postfach
CH-8048 Zürich
www.vbz.ch

Streckennetz:

Linien	*13*
Linienlänge	*109 km*
Spurweite	*1000 mm*
Depots	*5*

Fahrzeuge:

Motorwagen	*227*
Anhängewagen	*117, davon 86 motorisiert*

Straßenbahnen in Großbritannien

Blackpools Nostalgietram muss radikal umgerüstet werden. Ob die Doppeldecker eine Zukunft haben, ist noch ungewiss P. RUTHENKOLK

Der Wahlsieg der Regierung Blair sichert den weiteren Stadtbahnbau ab. Drei neue Systeme wurden genehmigt, weitere sollen folgen. Die britische Regierung hält dabei an ihrem Ziel fest, bis 2010 landesweit mindestens 200 Millionen Fahrgäste mit Light Rail zu befördern.
Aktuell benutzen 119,6 Millionen Fahrgäste die Stadtbahnen im Königreich: London-Docklands (38,5 Mio.), Tyne & Wear (32,5 Mio.), Manchester (17,2 Mio.), Croydon (15 Mio.), Sheffield (11,1 Mio.) und Birmingham (5,4 Mio.). Nach den Erfolgen der Stadtbahnprojekte hat sich in einigen Städten allerdings auch die Bus- und Autolobby wieder gesammelt und propagiert Einschienenbahnen oder Spurbusse, was einige Lokalpolitiker zu beeindrucken scheint.
Konkrete Neuigkeiten gab es 2001 hier:

Blackpool

Trotz der Renovierungen in den letzen Jahren muss Blackpools urige Nostalgietram mit ihren Doppeldeckern radikal umgerüstet werden. Fahrzeuge und einige Gleisanlagen sind verschlissen. Außerdem sollen neue Strecken (Tower – North Station – Poulton – Fleetwood und Tower – St Annes – Lytham) dazukommen. Ob neben modernen Niederflurwagen weiter nostalgische Doppeldecker durch Blackpool rollen oder gar kontinentale Oldtimer, ist noch ungeklärt. Eine Entscheidung über den weiteren Weg soll 2002 fallen.

Birmingham

Die dringend benötigten Verlängerungen Snow Hill – Birmingham-Innenstadt – Five Ways – Edgbaston Shopping Centre (3,2 km) sowie den Abzweig Wednesbury – Dudley (Stadtmitte) – Merry Hill-Briery Hill (11,7 km über Eisenbahngleise) können 2002 dem Parlament in London vorgelegt werden. Geplant sind weitere Strecken in vier Korridoren.
Im Fahrbetrieb hatte Centro weiter Probleme. So legte u.a. die Aufsichtsbehörde im Juli den Betrieb auf den Straßenbahnabschnitten wegen Zweifeln an der Sicherheit der Fahrleitungsisolatoren kurzfristig still. Hektisch wurde nachgerüstet, denn gerade hatte man mit umfangreicher Werbung die Bürger wieder von der „Metro« zu überzeugen versucht

Bristol

Die Stadtbahn Bristol ist im Grundsatz genehmigt. Bis 2005 könnte die erste Tram von Almondsbury durch die Innenstadt nach Bradley Stoke rollen.

Edinburgh

Im Dezember wurden erste Weichen für den Bau einer 15,7 km langen, 192 Mio. Pfund teuren Ringlinie in der schottischen Hauptstadt vom St. Andrews Square nach Granton gestellt. Die Regionalregierung stellte Gelder für die weitere Planung und Gutachten bereit. Geld fließt auch in ein Spurbusprojekt, an dem ein inzwischen aufgelöstes Konsortium schon Millionen verbaut hat. Die Stadtbahn könnte optimistisch etwa 2005 als Gesetzesvorlage Westminster passieren und dann von 2006 bis 2009 gebaut werden.

Leeds

42 Jahre nach Einstellung der letzten Tramlinie gab London bekannt, dass in Leeds ein 28 km langes Stadtbahnnetz aus drei Linien gebaut wird. Es soll bis

Die „Metro« im Ballungsraum Birmingham (hier in Wolverhampton) soll kräftig ausgebaut werden
D. PLOWMAN

2007 vollständig in Betrieb sein und dann 22 Millionen Fahrgäste befördern.

Liverpool

Die einst blühende Hafenstadt Liverpool hat nach endloser Diskussion nun doch entschieden, sich ein großes Stück vom Stadtbahnkuchen der Zentralregierung zu holen. Von einem drei Linien umfassenden Netz soll möglichst noch 2007 eine 19 km lange Linie von der Innenstadt in die Satellitenstadt Kirkby gebaut werden. Das sofort gegründete Straßenbahnunternehmen Merseytram kümmert sich um Planung, Lobbyarbeit und Finanzierung.

London

Die Regierung hat noch einmal 150 Mio. Pfund locker gemacht, um in London zwei City-Unterquerungen in Gang zu bringen und damit das U-Bahnnetz zu entlasten: CrossRail, eine Ost-West-Verbindung für Fern- und Regionalzüge zwischen den Kopfbahnhöfen Paddington und Liverpool Street, soll 3,8 Mrd. Pfund kosten. Noch eine Milliarde teurer wird die neue U-Bahn von Wimbledon über Victoria und King's Cross nach Hackney. Die U-Bahn wird außerdem weiter modernisiert. Genehmigt ist die Verlängerung Surrey Quays – Croydon. Zur U-Bahn- Entlastung in Nord-Süd-Richtung empfiehlt ein Gutachten ein X-förmiges Oberflächen-Liniensystem (Peckham/Brixton – Waterloo – Euston – Camden Town/King's Cross). Spurbus, O-Bus oder Stadtbahn stehen zur Auswahl, mit einer leichten Präferenz für letzteres. Auch im Bereich Uxbridge Road und in Greenwich wird konkret über ein Stadtbahnsystem diskutiert.

Manchester

Die Regierung hat die Gelder für den kurzfristigen Kauf von 15 Mittelteilen bewilligt, um die Kapazität der Stadtbahn Manchester zu erhöhen. Das Verkehrsunternehmen hat überraschend vier Boeing-Stadtbahnwagen aus San Francisco gekauft, die für Manchester umgerüstet werden sollen.

Nottingham

Die ersten Gleise in Nottingham liegen und eine Eröffnung der 14 km langen Strecke mit 15 Incentros soll 2003 erfolgen. Untersuchungen laufen für den schnellen, weiteren Ausbau des Netzes.

South Hampshire

Als drittes Stadtbahnprojekt in South Hampshire genehmigte die Regierung eine 14 km lange Stadtbahnlinie von Portsmouth über Gosport nach Fareham. Die Stadtbahn wird den Hafen von Portsmouth im Tunnel unterfahren und damit eine attraktive Verbindung herstellen. Die Eröffnung ist auf 2006 terminiert, eine Erweiterung vorgesehen. ■

Straßenbahnen in Frankreich

Grenoble, Cité International: Die Fahrgastzahlen zeigen deutlich, dass die Stadt ihre Tramway angenommen hat
S. von Mach

Immer moderner, immer attraktiver und immer erfolgreicher wird die Straßenbahn in Frankreich. Dort hat sich in den vergangenen Jahren ein regelrechter Straßenbahn-Markt entwickelt. Demjenigen, der eine Straßenbahn geplant hat und bauen möchte, wird mittlerweile eine Fülle verschiedener Verkehrstechnologien angeboten. Überzeugend sind nur einige von ihnen: Denn die Busbahn (Bombardier Transportation) von Nancy ist seit einem Jahr außer Betrieb und auch die optische Spurführung des französischen Irisbus-Konsortiums kommt nur langsam in Fahrt. Dennoch: In Frankreich findet man dank der immer umweltfreundlicher werdenden Politik und dank der engagierten Bahnindustrie einen hochmodernen Nahverkehr, der die Kunden anspricht und vielerorts dem grauen Eindruck einer Umgebung einen ordentlichen Farbklecks verpasst.

Caen

Sehr bald ist es auch in der Normandie soweit: Ab dem 15. September 2002 wird in Caen neuer Nahverkehr geboten. Das bestehende Busnetz wird um eine geführte Straßenbahn auf Gummireifen ergänzt. 24 dreiteilige Gelenkfahrzeuge werden von Bombardier geliefert. Die als „Tramway« bezeichneten spurgeführten Fahrzeuge werden die Stadt in Nord-Süd Richtung durchqueren.

Clermont-Ferrand

Wenige Tage vor Weihnachten 2001 entschied der Stadtrat von Clermont-Ferrand, die Planungen für die optische Spurführung nicht fortzusetzen sondern der spurgeführten Translohr-Straßenbahn mit Gummibereifung den Vorzug zu geben (übrigens: Clermont-Ferrand ist Sitz von Michelin). Es wurden bereits dreiteilige, 32 Meter lange Zweirichtungsfahrzeuge bestellt. Sie werden die ersten Serienfahrzeuge des Translohr sein.

Bordeaux

Kaum in Betrieb aber schon stark im Gespräch ist die neue Straßenbahn. Mit Interesse von allen Seiten wird die unterirdische Stromzuführung, also ohne Oberleitung, beobachtet. Im Frühjahr 2001 wurde bereits ein kleiner Gleisabschnitt mit einer mittleren Stromschiene ausgerüstet, die beim Betrieb durch Funksignale nur unter dem Fahrzeug unter Strom gesetzt wird. Die Testfahrten sollen nach Auslieferung des ersten Citadis-Fahrzeuges im ersten Quartal 2002 beginnen. Anschließend werden die restlichen 37 Citadis-Bahnen ausgeliefert. Es werden 32 Bahnen eine Länge von 42 m (sieben Module) und die restlichen sechs Bahnen eine Länge von 32 m (fünf Module) haben.
Ende des Jahres 2003 wird das neue Netz in Betrieb genommen. Von den 24 km werden knapp 8 km mit der unterirdischen Stromzuführung ausgerüstet. Nach der Kreation der drei Tramlinien ist der Bauboom in Bordeaux noch lange nicht vorbei, bis zum Jahr 2007 soll sich das Netz auf 43,7 km ausdehnen.

Brest

Bereits 1990 kamen in der bretonischen Hafenstadt Pläne zum Straßenbahnbau auf, die aufgrund einer unklaren Meinungsumfrage wieder verworfen wurden. Der neue Stadtrat möchte bis 2007 eine 8,5 km lange Linie bauen, welche die im Zweiten Weltkrieg völlig zerstörte und anschließend neu entworfene

In La Rochelle will Alstom zeigen, wie man die Anlagekosten neuer Tram-Systeme deutlich senken kann
S. von Mach

Innenstadt mit den nördlich und südlich gelegenen Stadtteilen verbinden wird.

Grenoble

Seit der Wiedereinführung der Straßenbahn hat sich in Grenoble der Nahverkehr deutlich verbessert. Die letzte Linienverlängerung fand am 8. Juni 2001 (Linie B nach Europole/Cité International) statt. Somit werden die westlich des Hauptbahnhofes gelegenen Institute wie beispielsweise die Handelsschule und der Palais de Justice an das Straßenbahnnetz angebunden. Die Fahrgastzahlen zeigen deutlich, dass die Grenobler ihre Tramway angenommen haben.
Für die kommenden Jahre gibt es schon ganz konkrete Vorhaben. 2002 ist der Baubeginn der dritten Straßenbahnlinie C geplant. Sie wird die Stadt in Ost-West Richtung über die großen Stadtboulevards auf einer Strecke von 13,5 km durchqueren und voraussichtlich 2004 die ersten Fahrgäste transportieren. Später kann sie am östlichen Streckenast nach Saint Martin d'Hères erweitert werden. Auch die Linie B soll in beide Richtungen verlängert werden. Außerdem wird das Projekt zum Bau einer Zweisystem-Stadtbahn in Angriff genommen. Es wurden bereits drei Linien vorgeschlagen. Ob und wie die Zweisystem- Stadtbahn verwirklicht wird, wird im Jahr 2002 entschieden.

La Rochelle

Nach nur einem Jahr Bauzeit wurde zum autofreien Tag am 22. September 2001 in La Rochelle eine Straßenbahnteststrecke eingeweiht. Ziel dieses Projekts der Stadt und des Konzerns Alstom Transport ist es Möglichkeiten aufzuzeigen, den Preis für Straßenbahninfrastruktur um 30 Prozent zu minimieren. Zur Zeit kostet ein Kilometer einer Straßenbahnstrecke in Frankreich durchschnittlich etwa 18 Mio. Euro. Mit Hilfe von „leichteren« Gleisen, einfacher Oberleitung und günstigeren Fahrzeugen soll dann ein Kilometer nur noch zwölf Mio. Euro kosten. Dadurch soll auch in Zukunft die Straßenbahn finanzierbar bleiben. Die neuen vereinfachten Baukomponenten werden in den kommenden drei Jahren auf der Trasse getestet. Für diesen Zweck wurde von Alstom ein 30 Meter langes Testfahrzeug der aktuellen Fahrzeugfamilie Citadis konstruiert.

Lyons neue Straßenbahn hat sich bewährt, erste Verlängerungsstrecken sind bereits im Bau
S. von Mach

Le Mans

Die nordwestfranzösische Stadt Le Mans plant schon seit mehreren Jahren eine Straßenbahn. Nach Zank im Stadtrat wurde schließlich im November 2001 für die normale Straßenbahn gestimmt. Für 214 Millionen Euro wird zwischen 2003 und 2006 die erste Linie realisiert. Diese wird die 150.000 Einwohner zählende Stadt in Nord-Süd Richtung durchqueren.

Lille

Seit der Inbetriebnahme der Metro-Linie 2, die parallel zu den beiden Straßenbahnlinien nach Tourcoing und Roubaix verläuft, wurde für die Straßenbahn ein Fahrgastrückgang von 20 bis 25 Prozent festgestellt. Verantwortlich dafür sind die höhere Frequenz sowie die Schnelligkeit der Metro. Aus diesem Grund wird nun versucht, das Angebot auf den beiden insgesamt 22 km langen Straßenbahnlinien zu verbessern. Taktverbesserungen und die Mitnahmemöglichkeit von Fahrrädern in der Tram (in der VAL-Metro ist dies aus Sicherheitsgründen nicht möglich) sollen neue Fahrgäste anlocken.

Lyon

Fast in jeder Ecke der Stadt Lyon findet man heute ein attraktives Nahverkehrsangebot. Seit Januar 2001 wird das Zusammenspiel von Bussen, Metros, Standseilbahnen, Trolleybussen und einer Zahnradbahn um die Straßenbahn ergänzt. Die beiden neuen Straßenbahnlinien haben sich schnell bewährt. Im vierten Betriebsmonat wurden bereits 68.000 Fahrgäste pro Tag gezählt. Dies übertrifft deutlich bisherige Prognosen. Außerdem liegen diese Fahrgastzahlen um etwa 25.000 höher als die ÖPNV-Nutzung vor der Einführung der Tram. Es gibt also genug Gründe, auch weiterhin im Nahverkehr auf die Straßenbahn zu setzen. Und genau dies wird zur Zeit im neuen sozialdemokratischen Stadtrat diskutiert. Bereits im Bau befindet sich die 5 km lange Verlängerung der Linie T2 von Porte des Alpes nach St. Priest. Die Eröffnung ist für das Jahr 2003 vorgesehen. Konkrete Bauvorhaben für weitere Straßenbahnlinien sind in den kommenden Jahren zu erwarten. Die Planungen zum Bau einer Regionalstadtbahn zum Flughafen und TGV Bahnhof Saint-Exupéry westlich der Stadt sind auch bereits in Arbeit.

Marseille

Nicht mehr lange bestimmen die alten vierachsigen PCC-Straßenbahnen das Bild auf der einzigen Tram-Linie der Ha-

Marseille baut in den nächsten Jahren viele neue Strecken, die alten PCC-Wagen (hier im Depot St. Priest) verschwinden dann
S. von Mach

Montpellier muss angesichts des großen Erfolgs seine Wagen verlängern und das Depot (Foto) um zwei Gleise erweitern
S. von Mach

fenstadt Marseille. Im Zuge eines umfangreichen Projektes werden bis zum Jahr 2007 neue Straßenbahnstrecken mit einer Länge von insgesamt 15 km konstruiert. Die Bauarbeiten für diese vier Strecken sollen in den Jahren 2003 und 2004 beginnen.

Montpellier

Die Fahrgastzahlen der neuen Tram in Montpellier haben alle Erwartungen übertroffen. Rechnete man zunächst mit 65.000 Fahrgästen pro Tag, so werden nun täglich 80.000 Passagiere auf der bisher einzigen Straßenbahnlinie transportiert. Dieses enorme Wachstum zwang die Verkehrsbetriebe TAM und den Stadtrat dazu, bei Alstom Transport für die 28 Citadis-Fahrzeuge jeweils zwei weitere Module zu bestellen, welche die Fahrzeuge von 30 auf 40 m verlängern. Außerdem orderte der Verkehrsbetrieb gleichzeitig zwei zusätzliche 40 m lange Fahrzeuge. Die Auslieferung sollte Anfang 2002 beginnen.
Im Jahr 2001 begann in Montpellier außerdem die Diskussion um eine zweite Straßenbahnlinie, über deren Notwendigkeit man sich einig ist, nicht aber über deren Führung im Stadtzentrum. Ab 2005 soll diese Linie St-Jean-de-Védas im Südwesten der Stadt mit Jacou im Nordosten verbinden. Auch die Linie 1 wird in naher Zukunft in beide Richtungen verlängert.

Nancy

Im Jahr 2001 machte sich die Straßenbahn auf Gummireifen in Nancy keinen guten Ruf. Nach der bereits verschobenen Eröffnung im Februar 2001 lief das wechselnd spurgeführte und manuell gelenkte System auf der ersten Linie nur für wenige Wochen. Eine Unfallserie im März brachte das Aus für den gesamten Betrieb der „Tramway sur Pneus«, welche von Bombardier konstruiert und entwickelt wurde. Seitdem ruht der Fahrgastbetrieb auf der ersten Linie.

Nantes

Mit einer Streckenlänge von insgesamt 40 km betreibt die TAN Nantes heute das größte französische Straßenbahnnetz. Die letzten der 23 Bombardier-Niederflurbahnen erreichten im Sommer 2001 die Stadt in der Südbretagne. Der erste (im Sommer 2000) gelieferte Prototyp 251 wurde aufgrund zu hoher Achslast durch eine Neukonstruktion ersetzt, die Nantes im Herbst 2001 erreichte.

Endstelle „Francois Mitterand« in Nantes: Die Incentro-Niederflurfahrzeuge werden ausschließlich auf der Linie 1 eingesetzt
S. von Mach

Das erste Betriebsjahr der neuen Straßenbahn von Orléans brachte nur einen eher bescheidenen Fahrgastanstieg für den ÖPNV
S. VON MACH

Die Incentro-Niederflurfahrzeuge werden ausschließlich auf der vom Depot Derby bedienten Linie 1 eingesetzt. Auf Linie 2 und auf der im August 2000 in Betrieb genommenen Linie 3 werden zunächst auch weiterhin die herkömmlichen Alstom-Fahrzeuge eingesetzt. In der sommerlichen verkehrsschwachen Zeit wurden Teile der mittlerweile über 15 Jahre alten Gleistrassen der Linie 1 ausgetauscht und neu eingebettet.
Auch in den kommenden Jahren wird das Straßenbahnnetz wachsen: Die Bauarbeiten für eine nördliche Erweiterung der Linie 3 nach Sillon de Bretagne beginnen 2002. An der dortigen Endstelle wird das dritte Straßenbahndepot der TAN Nantes entstehen, welches die Fahrzeuge der Linie 3 beherbergen wird. Voraussichtlich im Jahr 2004 werden die Linien 2 und 3 in südwest- bzw. südöstliche Richtung geführt.

Nizza

Nach mehrjähriger Unschlüssigkeit zwischen Minimetro und Tram ist es nun entschieden: 2002 werden in Nizza die Bauarbeiten für eine Ost-West Linie entlang der Küste (Place Masséna - St. Augustin) und für eine Nord-Süd Linie (Gorbella - Masséna) beginnen. Bis zum Jahr 2015 soll ein Netz von 37 km entstehen, dessen Strecken auch auf herkömmliche Bahntrassen zurückgreifen werden.

Orléans

Nach dem ersten Betriebsjahr der 18 km langen Straßenbahnlinie von Orléans gibt es einen Fahrgastanstieg von nur 15 Prozent. Ab Februar 2002 soll eine Netzumstrukturierung für höhere Fahrgastzahlen sorgen. In Planung ist eine zweite Straßenbahnlinie in Ost-West Richtung. Für welches System (Zweisystemstadtbahn mit Benutzung von SNCF-Trassen, Straßenbahn oder Busbahn) sich der Stadtrat entscheiden wird, muss noch abgewartet werden.

Paris

Der Erfolg der beiden Straßenbahnlinien macht sich bemerkbar. Im Laufe des Jahres 2002 werden zunächst 13 Citadis-Bahnen in kompletter Niederflurbauweise für die Straßenbahn-Linie T2 geliefert. Um den Fahrgastfluten auf dieser Linie zwischen La Défense und Issy Val de Seine gerecht zu werden, ist auch ein Traktionsbetrieb der jeweils 32 m langen Fahrzeuge vorgesehen. Bis 2006 wird die Linie vom RER-Bahnhof Issy-Val de Seine nach Balard ins Pariser Stadtgebiet verlängert. Hierbei wird auch ein Streckenstück der ehemaligen Ringeisenbahn befahren. Weitere Verlängerungsmaßnahmen sind geplant.
Bei der Linie T1 im Pariser Nordosten standen Sommer und Herbst 2001 im Zeichen der Teilrenovierung. Während der Sommerferien war der gesamte Betrieb auf der 1991 eröffneten Linie durch Busse ersetzt worden. In diesem Zuge wurde am Endpunkt ein Abzweig für die noch zu bauende Strecke zum Regio-

nalschnellbahnhof Noisy-le-Sec installiert. Die Arbeiten für die etwa 4 km lange Verlängerung sollen 2002 beginnen. Außerdem werden Planungen für neue Straßenbahnlinien im Nordosten und auf dem südlichen Stadtring der Hauptstadt bekannt. Schon 2007 könnten diese Linien in Betrieb gehen. Die Entscheidung, ob Straßenbahnen auf Gummireifen oder konventionelle Trams realisiert werden sollen, steht noch offen.

Noch 2002 sollen Citadis-Fahrzeuge auf der Pariser T2 Einzug halten
S. von Mach

Rouen

In Rouen gibt es seit 1994 zwei Straßenbahnlinien, die in der Innenstadt unterirdisch verkehren. Obwohl die Straßenbahn sehr beliebt und erfolgreich ist, sieht die Stadt derzeit vom Bau einer dritten Strecke ab. In der Hauptverkehrszeit sind die Bahnen in Rouen überlastet. Die Lösung könnte so aussehen: da Paris für die T1 Citadis-Trams kaufen möchte, könnte Rouen die seinen vorhandenen weitgehend gleichen Pariser Wagen übernehmen und so künftig Zweifachtraktionen fahren.

Straßburg

An mehreren größeren Straßenkreuzungen Straßburgs wurde im Sommer 2001 für einen Monat die Ampelbeeinflussung der Straßenbahn außer Betrieb genommen, um die Wartezeiten für die Autos zu verkürzen. Man realisierte schnell, das dies weder für Autofahrer, noch für Fahrgäste und Bahnfahrer Vorteile brachte und beendete diesen Versuch abrupt.

Keine großen Experimente wird es beim Tramausbau geben: Ob die neue Linie E vom Wohngebiet Robertsau über Parlamentsviertel und City nach Baggersee geführt wird, wird im März 2002 entschieden. Gedanken machen dem neuen konservativen Stadtrat und der CTS auch die Finanzen, da der Ruf nach neuen Fahrzeugen (voraussichtlich ab Ende 2003) groß ist, aber auch viele Stadtgebiete nach einem Tramanschluss rufen.

Toulon

Im März 2001 sah alles danach aus, als ob die vom Autoverkehr dominierte südfranzösische Stadt Toulon eine Straßenbahn bekommen würde. Es wurden 26 Niederflurbahnen des Typs Sirio bei Ansaldo-Breda bestellt und bereits die erste Streckenführung in Ost-Westrichtung (Le Pradet - Innenstadt - Saint Mandrier) festgelegt. Mit der Wahl des neuen Bürgermeisters im Frühsommer wurde der Baubeginn verschoben. Die Eröffnung wird aus finanziellen Gründen um fünf Jahre auf 2010 verschoben, da der Stadtrat zunächst eine unterirdische Stadtautobahn vorsieht. ■

Rouen möchte auf der Pariser T2 frei werdende Fahrzeuge übernehmen, fährt man doch hier das gleiche Modell
H. Casteleijn

Straßenbahnen in Italien

Die Peter-Witt-Wagen gehören in Mailand weiterhin zum Stadtbild
G. Viano

Florenz

Die Arbeiten an der ersten Strecke Santa Maria Novella – Scandicci (7,5 km Länge mit 15 Halten) des neuen Straßenbahnsystem Florenz haben noch nicht recht begonnen, weil die Aufträge für Strecke und Rollmaterial wegen der von Ansaldo-Breda eingelegten Berufung noch nicht definitiv erteilt werden konnten (ein wichtiges aber noch nicht endgültiges Urteil hat Ende November 2001 die Erteilung an Alstom bestätigt). Man hofft nun, Anfang 2002 mit den Bauarbeiten, die u. a. eine neue Brücke über den Arno von 125 m Länge vorsehen, beginnen zu können und die Strecke 2005 fertig zu stellen. Die neue Straßenbahn soll mit 17 Triebwagen bedient werden.
Nach der ersten will Florenz zwei weitere Strecken bauen, und zwar: Flughafen Peretola - Novoli – Santa Maria Novella – Piazza Beccaria (10,2 km mit 22 Halten) als zweite und Careggi – Fortezza da Basso – Libertà mit zwei Abzweigen als dritte Strecke. Dabei will man mit dem Abschnitt Careggi – Fortezza da Basso (3,5 km) beginnen, um eine Verbindung mit der Linie nach Scandicci zu ermöglichen.

Mailand

Es hat einige Verspätungen beim Bau den so genannten Metro-Straßenbahnen Nord (Piazzale Maciachini – Parco Nord) und Süd (Porta Lodovica – Piazzale Abbiategrasso) gegeben. In Piazzale Maciachini sind u. a. die Arbeiten an der nördlichen Verlängerung der U-Bahn-Linie 3 Zara – Maciachini in vollem Gange. Diese Schnellstraßenbahnen sollen mit Ansaldo-Breda-Triebwagen der Bauart Sirio bedient werden; es wird sich um 58 Wagen von 35 m Länge handeln, die zum größten Teil für die neuen Linien benutzt werden sollen; dazu kommen weitere 35 von 25 m Länge, die auf der Kreislinie 29/30 sowie auf der Linie 9 in Betrieb gehen werden.
Die Metrostraßenbahnen Nord und Süd will man gegen Mitte/Herbst 2003 eröffnen. Die andere Metro-Straßenbahn Viale Fulvio Testi – Bicocca – Precotto ist schon ziemlich weit fortgeschritten. Man rechnet damit, den Abschnitt Viale Testi – Precotto schon Ende 2002 einweihen zu können, auf den letzten Teil Precotto – Depot Precotto muss man bis etwa Ende 2003 warten. Das Depot Precotto wird sich u. a. auf dem Gelände des schon bestehenden Depots der U-Bahn-Linie 1 befinden. Die Arbeiten an der vierten Linie Milano-Cinisello sollen Mitte 2002 beginnen.
Mittlerweile sind die ersten der 26 neuen, rund 34 m langen „Eurotrams“ der Baureihe 7000 auf der Linie 14 Cimitero Maggiore – Lorenteggio in Betrieb genommen worden.

Mailands neue Eurotrams (nach Straßburger Vorbild) kommen vornehmlich auf der Linie 14 zum Einsatz
R. Schrempf

Messina

Am 16. November hat die erste Cityway-Tram von Alstom (früher Fiat Ferroviaria) der neuen Straßenbahn die sizilianische Großstadt Messina erreicht. Der Beginn des öffentlichen Betriebes ist für April 2002 vorgesehen.

Bei den Bauarbeiten hat man die Gelegenheit genutzt, um die betroffenen Gebiete der Stadt mit neuen Pflanzen usw. zu verschönern und begrünen.

Rom

Die Aufträge für die Verlängerung Largo Torre Argentina – Piazza Venezia der römischen Linie 8 sind vergeben worden. Dieser Abschnitt soll ein Teil der geplanten wichtigen Linie Stazione Termini - Vaticano – Aurelio werden, welche die Tram wieder ins Zentrum der Hauptstadt zurück bringen wird.
Im Laufe des Jahres 2001 wurden ständig weitere Niederflurwagen von Fiat Ferroviaria geliefert. Die neuen Fahrzeuge der Reihe 9200 haben ein anderes Aussehen als die Wagen der Reihe 9100 und sind vor allem auf den Linien 3 und 8, aber auch auf der Linie 19 anzutreffen. Neben den neuen Wagen werden aber auch die mehr als 50 Jahre alten Gelenkwagen modernisiert und erhalten auch den neuen Anstrich in zwei Grüntönen.
Gegen April 2002 will man in Rom mit den Arbeiten an der neuen Obuslinie 90, die Stazione Termini (Hauptbahnhof) mit dem Monte Sacro-Gebiet verbinden wird, anfangen. Dank dieser Entscheidung wird man dieses Verkehrsmittel in Rom nach mehr als 30 Jahren wieder in Betrieb nehmen.

Die neuen Niederflurwagen der Reihe 9200 zeichnen sich durch gefälligere Formen gegenüber der Reihe 9100 aus
Q. Vosman

Sassari

Nachdem Anfang November 2001 der Bürgermeister der sardischen Stadt – offiziell wegen umweltrechtlicher Probleme – die Baustellen des neuen Straßenbahnsystems hatte schließen lassen, sind die Arbeiten an der schon fast fertiggestellten Linie Emiciclo Garibaldi – Stazione FS wieder aufgenommen worden. Es war von größter Bedeutung, die Arbeiten binnen der vorgesehenen Frist bis spätestens Januar 2002 abzuschließen, um sich die EU-Finanzierung für den nächsten, 6 km langen Abschnitt sichern zu können.
Die erste, bald zu eröffnende Linie wird mit vier 27 m langen Ansaldo-Breda-Triebwagen der Bauart Sirio bedient (für den oben erwähnten nächsten Abschnitt werden weitere sechs benötigt), und zwar in der Spurweite 950 mm („italienische Meterspur"); dies deshalb, weil die Absicht besteht, ein Eisenbahn-Straßenbahn-System auf der meterspurigen Strecke Sassari – Alghero der Sardischen Straßenbahnen zu bauen, deren Gesamtlänge mit der geplanten Abzweigung Mamuntanas – Flughafen Alghero (6,5 km) rund 38 km betragen wird.

Turin

Am 5. November 2001 ist die südliche Verlängerung Piazzale Caio Mario – Strada del Drosso der Linie 4 mit 1,65 km Länge eröffnet worden. An der neuen Endschleife hat man schon zwei Weichen für eine eventuelle weitere Verlängerung verlegt. Wenn auch der nördliche Abschnitt nach Falchera vervollständigt worden ist (2004), wird Turin über eine Nord-Süd-Straßenbahnachse von 17,8 km Länge verfügen, die künftig ausschließlich mit den neuen, 34 m langen Cityway-Wagen der 6000er-Reihe be-

Turins nagelneuer Cityway-Triebwagen 6000 im Dezember 2001 auf dem Werkstattgelände, ein Alstom-Techniker erledigt auf dem Dach Vorbereitung für die ersten Fahrten
G. Viano

dient werden soll; die ersten fünf Exemplare dieses Typs werden seit Dezember 2001 getestet. Bis 2006 sollen insgesamt 100 Cityways geliefert werden. Nur die ersten Exemplare sind dabei in Einrichtungsversion ausgeführt.
Ende November sind die Arbeiten am ersten Abschnitt Via San Gottardo – Corso Giulio Cesare – Piazzale Autostrade der nördlichen Verlängerung der Linie 4 aufgenommen worden; um später Falchera zu erreichen, wird man auch eine 700 m lange Unterführung bauen müssen. 26 alte einteilige Wagen der 3100er-Reihe dienen wegen der zahlreichen Linienveränderungen infolge des Anfangs der U-Bahn-Arbeiten meistens als Reserve. Für das Frühjahr 2002 rechnet der städtische Verkehrsbetrieb ATM darauf, die mit drei historischen Fahrzeugen zu bedienende touristische Linie einzuweihen.
Am 27. April 2001 haben die Bauarbeiten an der 14,1 km langen VAL-U-Bahn Collegno – Porta Nuova – Lingotto im zentralen Corso Francia begonnen. Die Kosten der Gesamtstrecke, die man rechtzeitig zu den Olympischen Winterspiele in und um Turin 2006 in Betrieb nehmen will, betragen etwa eine Milliarde Euro.

Verona

Am 10. November 2001 sind die Aufträge für die ersten zwei Linien S. Michele – Stazione FS Porta Nuova – Stadio (11,3 km mit 25 Halten) und Stazione FS Porta Nuova – Policlinico Borgo Roma (4 km mit acht Halten) des neuen Straßenbahnnetzes von Verona bei einem Gesamt-Auftragsvolumen von etwa 126 Mio. Euro vergeben worden. Den Zuschlag erhielt ein Konsortium aus Siemens TS und den italienischen Firmen Coopsette und Mazzi, der Auftrag sieht die Lieferung von Triebwagen (22 dreiteilige „advanced" Combinos; übrigens Italiens erste Bestellung von Combinos) sowie Strecke, Signaltechnik, Oberleitungen, Ampeln und deren Steuerung vor. Da die Arbeiten schon im Januar/Februar 2002 beginnen sollten, rechnet man darauf, Mitte 2004 die ersten zwei Strecken in Betrieb nehmen zu können.
Die Auftragsvergabe für die Verlängerung Policlinico Borgo Roma – Autobahnanschluss Verona Süd der zweiten Linie sowie für die dritte Linie Stazione Porta Nuova – Stazione FS Parona (nordwestliche Richtung, 21 Halte) soll im April 2002 erfolgen. ■

Straßenbahnen in Polen

In Danzig geht die Modernisierung der Strecken Schritt für Schritt weiter

S. von Mach

In wenigen Jahren dürfte Polen zur Europäischen Union zählen. Dies wird neue Möglichkeiten im Nahverkehr bieten, schon heute gibt es zukunftweisende Planungen, etwa die Oderüberquerung der Frankfurter Straßenbahn nach Polen. Auch anderswo ermöglicht der EU-Beitritt neue Kooperations- und Finanzierungsmöglichkeiten. Zunächst steht aber bei den meisten polnischen Verkehrsbetrieben nach wie vor die aktuelle Modernisierung im Vordergrund.

Breslau (Wroclaw)

Das Nahverkehrsmuseum in der Breslauer Ul. Legnicka wird voraussichtlich im Juli 2002 eröffnet. In einer ehemaligen Wagenhalle der Verkehrsbetriebe ist die umfangreiche Fahrzeugsammlung des Museumsvereins beheimatet. Das Museum bietet auch eine Modellanlage der Breslauer Straßenbahn sowie eine Museums-Linie durch Breslau. Eine überraschende Entdeckung machten Straßenbahnfreunde in Breslaus Umland: Als Gartenlaube wurde der wohl letzte noch vorhandene Wagenkasten eines Breslauer Maximum-Triebwagens (Wagen 2025, ehemals 325) wiedergefunden. Die Wagenserie war in den Jahren 1897 bis 1901 bei Falkenried in Hamburg gebaut worden. Die letzten vorhandenen Exemplare dieser Serie sind bis in die 60er Jahre eingesetzt worden.

Elbing (Elblag)

Auf den drei Elbinger Straßenbahnlinien werden polnische Fahrzeuge des Typs 105N sowie ehemalige Mainzer Straßenbahnwagen eingesetzt. Ende August 2001 begannen die Arbeiten an einer 3 km langen Neubaustrecke, die am Plac Kazimierza Jagiellonczyka von der Linie 2 abzweigt und etwa 500 m südlich der derzeitigen Endstelle Ogolna auf die Strecke der Linien 1 und 3 stößt. Hinter dieser Endstation führt die neue Strecke bis zur Ul. Fromborska. Es werden neue Fahrgastpotenziale gewonnen, denn dort befinden sich Wohngebiete und ein noch zu eröffnendes Einkaufszentrum.

Danzig (Gdansk)

Nach einer länger andauernden Modernisierung der elektrischen Ausrüstung sind die beiden Achtachser Nr. 1501 und 1502 des Typs 114Na aus Lodz zurück gekehrt und kommen nun regelmäßig auf Linie 12 zum Einsatz.
Auch im Jahr 2001 ging die Netzmodernisierung weiter: Nachdem am 5. Dezember 2000 die erneuerte Straßenbahntrasse über die Hucisco-Brücke wieder in Betrieb genommen wurde, begannen im Frühsommer die Gleisbauarbeiten zwischen Jelitkowo und Wrzeszcz. Bis Ende August wurde der Verkehr auf diesem Streckenabschnitt durch Ersatzbusse aufrecht erhalten.
Am 9. Juli 2001 legte ein gewaltiger Regenschauer den Stadtverkehr komplett lahm. An vielen Stellen wurden die Gleise unterspült. Auch der Zugverkehr in der Danziger Region musste wegen Überflutungen für mehrere Tage eingestellt werden.

Kattowitz (Katowice)

Die neuen 17 Citadis 100-Niederflurwagen (Typ 116Nd) von Alstom Konstal werden ausgeliefert und vorwiegend auf den Linien 43 und 6 eingesetzt. Auch weiterhin kommen die zweiachsigen Triebwagen vom Typ N auf der Linie 38 zum Einsatz. Beide Zweirichtungsfahrzeuge 118 und 954 wurden modernisiert

Die zweiachsigen Triebwagen vom Typ N kommen auf Linie 38 im Kattowitzer Netz zum Einsatz
M. Kochems

und weisen nun neue Brems- und Beleuchtungsanlagen auf. Die Bauarbeiten auf der künftigen Schnellstraßenbahn Katowice – Chorzów-Bytom kommen aus Geldmangel nur langsam voran.

Krakau (Krakòw)

Ab 2003 werden die 14 Krakauer Niederflurfahrzeuge durch weitere zwölf NGT6 ergänzt
S. von Mach

Die gesamte 14-teilige Niederflurflotte der Verkehrsbetriebe Krakau MPK wird nun auf der Straßenbahnlinie 24 zwischen Kurdwanow und Bronowice eingesetzt. Ab Februar 2003 werden die vorhandenen 14 Niederflurfahrzeuge durch weitere zwölf NGT6 des selben Typs ergänzt. Den Auftrag erhielten Anfang November 2001 Bombardier Transportation und Kiepe Elektrik. Es besteht außerdem eine Option auf weitere 18 Niederflurtriebwagen.

Lodsch (Lodz)

Pünktlich zum Weihnachtsfest und zum Roll-Out am 23. Dezember 2001 erreichte der erste Cityrunner Lodz. Seit der Liniennetzoptimierung vom 2. Januar 2001 werden von den städtischen Verkehrsbetrieben MPK Lodz nur noch 15 (statt bisher 23) Linien betrieben. Dies wurde durch den Wegfall zahlreicher Direktverbindungen erreicht. Eine der beiden Privatgesellschaften (TP) verlängerte ihre Linie 43 (Lodz – Konstantynow – Lutomiersk) und die HVZ-Linie 43 (Lodz – Konstantynow) über den bisherigen stadtseitigen Endpunkt hinaus bis Stoki. Aus diesem Grund werden die letzten beiden fahrfähigen ehemaligen Bielefelder Gelenkwagen (Nr. 42 und 47) auch weiterhin in Betrieb gehalten. Ebenfalls zum 2. Januar 2001 wurde die von der zweiten privaten Überland-Straßenbahngesellschaft MKT betriebene Nachtlinie 101 (Polnocna – Zgierz) eingestellt.

Posen (Poznan)

Bereits Ende 2000 wurden aus Frankfurt/Main mehrere achtachsige Straßenbahnwagen des Frankfurter Typs N übernommen. Außerdem wird der Posener Wagenpark laufend durch ehemalige Düsseldorfer Düwag-Fahrzeuge ergänzt.
Wenig Glück haben die Verkehrsbetriebe mit den zehn Tatra RT6N Niederflurwagen. Aufgrund technischer Probleme kommen diese nur wenig zum Einsatz.

Die beiden Wagen 401 und 403 dieses Typs wurden hier bereits ausgemustert, um den restlichen acht Niederflurwagen als Ersatzteilspender zu dienen.

Stettin (Szczecin)

Anfang Sommer 2001 wurden in Stettin die ersten Wagen des Typs 105N2k/2000 eingesetzt. Baugleiche Fahrzeuge fahren auch in Warschau. Neben diesen 14 aus alten Wagenkästen gebauten Fahrzeugen sind auch weiterhin auf den Straßenbahnlinien der Ostseestadt die in Polen gebauten sechsachsigen 102N und die ehemaligen Düsseldorfer GT6 (wochentags auch mit Beiwagen) zu sehen. Der Bestand letzterer (deutscher) Wagen nimmt ab.
Am 8. Juli 2001, wurde eine neue Stadtrundfahrt- und Touristen-Straßenbahnlinie „0" in Betrieb genommen. Zu diesem Anlass wurde auch der just aufgearbeitete historische Triebwagen 144 (1929 in Bremen gebaut) präsentiert und dreht seitdem mit den anderen Traditionswagen auf der neuen Museumslinie seine Runden. Diese Rundlinie verkehrt im Juli und August jeden Sonntag. Eine solche angenehme Art von Sightseeing findet der Besucher schon seit mehreren Jahren in Posen und Warschau.

Warschau (Warszawa)

Die Verkehrsbetriebe Warschau denken nun über die Beschaffung von weiterem Niederflur-Material nach. Insgesamt sollen in den kommenden Jahren 400 Niederflurfahrzeuge in die polnische Hauptstadt geliefert werden. Vom 9. bis 14. Juni 2001 kam der Grazer Niederflurwagen 661 (Cityrunner) nach Warschau und war nach Testfahrten und Fahrerschulungen auch im Fahrgastbetrieb auf der Linie 4 im Einsatz.

Im Sommer 2001 wurden in Stettin die ersten Wagen des Typs 105N2k/2000 zum Liniendienst geschickt S. VON MACH

Im Jahr 2001 begann die Lieferung der ersten vierachsigen 105N2k mit veränderter Fahrzeugfront. Bei diesen bei Alstom-Konstal in Chorzow gebauten Triebwagen handelt es sich um die bekannten polnischen Standardstraßenbahnwagen (Typ 105N). Die neue Generation dieses Typs verfügt über eine neue elektrische Ausrüstung und andere moderne Merkmale.
Mit der U-Bahn-Verlängerung (der bisher einzigen Linie) im Stadtzentrum wurde das Straßenbahnnetz ab 11. Mai 2001 leicht verändert. ■

Der Posener Wagenpark wird durch ehemalige Düsseldorfer Fahrzeuge ergänzt S. VON MACH

Die für Touristen gedachte Rundlinie 20 in Amsterdam soll wegen geringer Inanspruchnahme nach der Sommersaison 2002 eingestellt werden
H. Casteleijn

Straßenbahnen in Holland und Belgien

An Plänen für neue Stadtbahnen fehlt es in den Niederlande nicht. Das Verkehrsministerium unterstützt alle diese Pläne zwar mit Geld für Studien, Kongresse usw., aber es fehlt hoffnungslos an Tatkraft. Das Denken bei Politikern und Verkehrsbeamten ist noch zu unflexibel und zu sehr orientiert entweder auf reine S-Bahn oder auf U-Bahnsysteme, manchmal sogar träumt man von Magnetbahnsystemen. Von moderner Stadtbahn-Praxis hat man noch zu wenig Kenntnis. „Karlsruhe" wird selbstverständlich erwähnt, allerdings traut man nicht überall dem Karlsruher Modell. Häufiger hört man, dass Karlsruhe nicht vergleichbar sei mit den dichtbesiedelten Niederlanden.

Es gibt aber auch andere Beispiele, etwa Groningen. Diese Stadt will sich ziemlich nah an Karlsruhe orientieren: Niederflurfahrzeuge mit nur 2,35 m Breite auf einem Nord-Süd-Ast und eisenbahntaugliche Stadtbahnfahrzeuge für Verbindungen mit u.a. Assen und Delfzyl über Strecken der NS (Niederländische Eisenbahnen). Das ganze System erweist sich aber als zu teuer für eine Mittelstadt. Die letzten Nachrichten melden, dass Stadt und Provinz Groningen jetzt auch eine Variante untersuchen wollen mit leichten Dieselfahrzeugen auf der Linie nach Delfzyl (wie beim Duosystem Zwickau).

Interessant ist das Projekt „Rijn-Gouwe-Lijn". Es geht dabei um die Eisenbahnstrecken Leiden – Alphen am Rhein und Gouda – Alphen am Rhein; beide sind elektrifiziert, letztere zum größten Teil jedoch eingleisig. Alphen hat sich zu einer sehr wichtigen Neubaustadt entwickelt. Hier gehen die Stadtbahnpläne in eine ziemlich komische Richtung. Obwohl die benötigte Neubauverbindung nach Alphen-Nord und in die Innenstadt von Leiden wie auch eine Durchbindung nach Noordwyk nicht vor 2008 zu finanzieren scheinen, plant die Provinz Zuid-Holland, bereits im Frühling 2003 mit einem Stadtbahnbetrieb auf einer der beiden NS-Strecken anzufangen. Die Provinz hat ein Abkommen mit der H.T.M. aus Haag abgeschlossen für einen Probebetrieb. Nur NS und Rail Infra Beheer (ex NS-Netz) müssen noch endgültig grünes Licht geben. Die HTM hat bereits sechs Stadtbahnwagen bei Bombardier vom Typ Stockholm bestellt. Vereinbart ist, dass, wenn das Projekt doch noch scheitert, Stockholm diese sechs Wagen übernehmen wird. Also: sechs Wagen in Bestellung, aber weiter noch nichts. Die Verkehrsministerin will – unter mehreren Rahmenbedingungen – bis 2008 80 Millionen Euro bereitstellen für dieses Projekt.

Eines der größten Projekte des Landes ist Randstad-Rail rund um Den Haag bis Rotterdam. Die erste konkreten Stadtbahnpläne reichen zurück bis 1988. Die beiden von Den Haag CS ausgehende S-Bahnlinien (die Zoetermeerlinie und die sogenannte Hofpleinlinie) führen gemeinsam bis Nootdorp, wo sie sich verzweigen. Die letztgenannte Linie führt über Pynacker bis zum Randbereich des Stadtzentrums von Rotterdam (Stumpfendstelle hinter dem Hofplein). Für Randtstadt Rail wurden in den vergangenen Jahren viele Varianten präsentiert, die mehr oder weniger auf dem Karlsruher Modell basierten. Das war aber einmal, jetzt will man für viel Geld das (Bahn-) Rad neu erfinden.

In Haag sollte diese Linien voll als Stadtbahn ins Stadtnetz integriert werden. Tatsächlich ist das in Haag noch immer die Basis des Konzeptes, nur plant man nun eine Hochtrasse durchs Beatrixviertel.

Probleme gibt es auch in Rotterdam. Hier konnte man sich erstens nicht über die Endstation einigen und kam später auf die kostspielige Idee, Randstad-Rail mit dem U-Bahnnetz zu verbinden. Damit könnte aber der Hauptbahnhof nicht angefahren werden. Jetzt setzt Rotterdam auf einen Tunnel 24 Meter tief unter dem NS-Gelände hindurch. Das würde einen im wesentlichen bergmännisch aufgefahrenen Tunnel von etwa 2,6 Kilometer erfordern.

In Haag könnte die Lösung so aussehen: Die Stadtbahn schließt mit einer neuen Hochtrasse an die bereits bestehende CS-Hochtrasse an, die seit 1976 von mehreren Straßenbahnlinien befahren wird. Ab CS (Hauptbahnhof) kann der neue City-Tramtunnel benutzt werden (der jetzt noch gefüllt ist mit Grundwasser).

Haags HTM wird womöglich 47 Niederflur-Mittelteile für die Reihe 3101-3147 bestellen, um mehr Kapazität zu schaffen
H. CASTELEIJN

Den Haag

Um den umgeleiteten Straßenbahnverkehr in der Innenstadt zu entlasten, kehrte im Dezember 2000 die Straßenbahn vorübergehend wieder zurück in der Hauptgeschäftsstraße, die Grote Marktstraat. Die Gleise wurden neu verlegt, das Straßenprofil hat sich total geändert. Nichts erinnert mehr an den täglichen Auto-, Bus- und Straßenbahnstau von vor 1995.

Beim Bau des Stadtbahntunnels unter dieser Straße hindurch kämpft man noch immer mit großen Schwierigkeiten, u.a. Wassereinbrüche. Bis Ende 2004 wird die Straßenbahn in dieser Straße oberirdisch verkehren. Die Grote Marktstraat ist jetzt autofrei, leider aber teilweise eine große Baustelle.

Die Rückkehr der Straßenbahnlinien 2 und 6 war ein großer Erfolg, die Geschäftsleute sind sehr froh darüber. Immer lauter werden die Stimmen, die sich für eine oberirdische Beibehaltung der Straßenbahn nach 2004 aussprechen. Der städtische Verkehrsbetrieb HTM will diese Strecke auch später als Betriebsstrecke beibehalten.

Der Wagenpark ist 2002 mit 147 Doppelgelenkwagen für zwölf Linien recht knapp. Deshalb wird überlegt, 47 Niederflur-Mittelteile für die Reihe 3101-3147 zu bestellen. Neufahrzeuge sind ansonsten nur im Zusammenhang mit Randstad-Rail vorgesehen.

Das Jahr 2002 sollte gleich mit einer Streckeneröffnung beginnen, nämlich am 7. Januar mit der neuen Stadtbahnlinie 15 nach Nootdorp.

Rotterdam

Im Mittelpunkt der Bemühungen des Rotterdamer Verkehrsbetriebs RET steht seit längerem das Projekt Tram-Plus, also die Modernisierung und Beschleunigung von Straßenbahn- zu leistungsfähigeren Stadtbahnstrecken. Im Jahre 2001 wurden große Teile der Linie 1 zwischen Centraal Station bis Schiedam-Zentrum umgebaut auf Tram-Plus-Niveau. 2002 wird die Strecke Maashaven Metro – Charlois der Linie 2 umgebaut auf Tram-Plus-Niveau.

Dazu kommen noch drei weitere Strecken, die alle bis 2005 fertiggestellt sein müssen.

– Carnisselijn: Abzweig Groene Hilledijk (Abzweig Linie 20) bis Carnisselande (6,5 km Neubau)

– Schiedam-Vlaardingen Lijn: Abzweig (Linie 1) Schiedam-Nord – Vlaardingen Nord (etwa 3,5 km Neubau); Verlängerung Schiedam-Woudhoek – Schiedam Spaland (1,2 km Neubau)
– Ijsselmonde Lijn : Verlängerung Feijenoord Stadion – Ijsselmonde Herenwaard (etwa 3,5 km); später Anschlussstrecke durch Ijsselmonde nach Beverwaard (Linie 20); man kann diese Linie als Kurzverbinding Beverwaard – Rotterdam Zentrum sehen.

Mit den neuen Tram-Plus Verbindungen hofft RET im Jahre 2006 etwa 75 bis 80 Millionen Fahrgäste mit der Straßenbahn zu befördern (heute 58 Millionen). Es gibt dann nur noch ein ganz großes Problem, nämlich die Fahrgäste zu zwingen auch zu zahlen. Bei großen Kontrollen im Sommer 2001 wurde festgestellt, dass es abends bis zu 35 Prozent Schwarzfahrer gab.

Wegen der Infrastruktursubventionen wurde der RET von der Politik gezwungen, am 3. September 2001 bereits einen Teil der Ijsselmonde-Linie bis Feijnoord-Stadion im Regelbetrieb zu betreiben anstelle nur im Sonderverkehr bei Fußballveranstaltungen; sonst wären diese Gelder zurückzuzahlen gewesen.

Bei der Linienreform wurden die Linien 3, 6, 9 und 13 kombiniert zu den neuen Linien 3 und 9. Die Linie 13 (Ringverkehr im Stadtteil Blijdorp in Gegenrichtung zur Linie 3) hat nur fünf Jahre existiert.

Die RET-Wagenreserve ist momentan sehr knapp: es gibt 118 Wagen für 106 Kurse. Deshalb wurden die Triebwagen 1602 und 1605 von der Amsterdamer Museumslinie zurückgekauft, Wagen 1610 war bereits beim Schrotthändler und wurde zurückgekauft.

Entspannung bringt nun die Übernahme von Wiener Wagen. RET (Rotterdamsche Elektrische Tram) hat aus Wien zehn von SGP in Düwag-Lizenz gebaute Sechsachser des Typs E1, Baujahr 1971, und zwei des Typs E von 1962 erworben. Ihr Einsatzgebiet wird die Linie 2 sein, auf der acht Einsatz- und zwei Reservewagen benötigt werden. Das soll eine Übergangslösung für zwei oder drei Jahre sein. Dann werden auf den Linien 1 und 20 die neuen Citadis-Niederflurwagen eingesetzt und die ZGT-Wagen können wieder zurück auf Linie 2.

Ende Oktober wurde mit dem Umbau der Wagen begonnen, im Januar 2002 sollten sie in Betrieb gehen. Die Wagen werden dabei ihren rot-weißen Anstrich aus Wien behalten. Ab 2004, wenn die 60 Citadis-Trams eingetroffen sind, wird eine Stiftung die Wagen für einen Einsatz auf einer kurzen Touristenlinie in Arnheim übernehmen (Anschluss an die heutige Straßenbahnlinie im Freilichtmuseum). Im November 2002 soll der erste Citadis-Wagen bei RET eintreffen.

Umleitungsstrecke Methenesserlaan in Rotterdam: Wagen 1634 macht Werbung für schnelle Internet-Verbindungen
H. CASTELEIJN

Amsterdam

Amsterdam mangelt es nie an Plänen. Geplant war, im Jahre 2001 mit dem Bau der Nord-Süd-Bahn zu beginnen. Ursprünglich waren für den Bau 800 Millionen Euro kalkuliert worden, jetzt nä-

Amsterdam hat insgesamt 155 Combinos bestellt, am 1. Dezember 2001 wurde der erste vor dem Palast am Dam präsentiert
Q. VOSMAN

hert man sich einem Betrag von 1,4 Milliarden Euro. Momentan werden deshalb neue Varianten ausgearbeitet, u.a. auch eine Stadtbahn mit drei oder vier Linien. Im Ijsselmeer entsteht auf sieben künstlichen Inseln die neue Stadt Ijburg; diese bildet einen besonderen Stadtteil von Amsterdam. 2003 sind die ersten Häuser fertig. Bis September 2004 soll die neue Stadtbahnlinie 26 hierhin gebaut werden, die durch den Piet-Hein-Tunnel und über die lange Ennäeus-Heerma-Brücke führen wird. Die Linie 26 (CS – Ijburg) wird 8,5 Kilometer lang sein und die Strecke in 18 Minuten zurücklegen.
Linie 13 bekam im Stadtteil Geuzenveld eine neue Trasse; die alte Trasse neben einer Hochstrasse wurde abgebrochen. Im Dezember 2001 wurde Linie 1 im Westen um 1,5 Kilometer nach De Aker verlängert. 2003 wird wahrscheinlich Linie 16 zum VU-Krankenhaus verlängert, etwa 800 Meter Gleis liegen dafür bereits seit Jahren.
Inzwischen ist der Amsterdamer GVB (Gemeinde-Verkehrs-Betrieb) ein Topkunde von Siemens TS; insgesamt sind 155 Combinos in Bestellung, am 1. Dezember 2001 wurde der erste Combino vor dem Palast am Dam getauft. Dennoch sollen die unverwüstlichen Veteranen der Reihe 601-635 (Baujahr 1959-1961) noch bis 2005 im Betrieb bleiben. Diese Wagen haben noch konventionelle Nockenschalter mit einem Holzrad. So bekommt die ganze Reihe noch den neuen blau-weißen Farben. Die neueren Werkspoor- und LHB-Wagen dagegen werden nicht einmal mehr das Jahr 2003 erreichen. Die drei Duisburger Wagen bleiben noch bis Sommer 2002 in Amsterdam.
Die schwach besetzte Touristen-Ringlinie 20 soll laut Planungen nach dem Sommer 2002 eingestellt werden, um Wagen frei zu setzen für andere Linien. Auch die Linie 6 ist noch immer bedroht. Schaffnerbesetzt sind übrigens die Linien 3, 4, 6, 7, 9, 10, 12, 13, 14, 20 und 25.

Die drei Duisburger Wagen bleiben noch bis Sommer 2002 in Amsterdam
H. CASTELEIJN

Utrecht – Nieuwegein – Ijsselstein

Seit 1999 ist das Unternehmen Connexxion Betreiber dieser Stadtbahnlinie (bzw. -linien: in Nieuwegein gibt es noch eine Zweigstrecke nach Nieuwegein-Süd). Von Utrecht aus werden beide Äste im 15-Minutentakt befahren; durch genaue Fahrplanabstimmung gibt es also zwischen Utrecht und Nieuwegein einen 7,5-Minutentakt. In Ijsselstein wurde die Linie im Jahre 2000 um 1,3 Kilometer verlängert ins Neubauviertel Zenderpark. Die Basisstrecke Utrecht – Nieuwegein wurde 1983 eröffnet als eine der ersten Neubau-Stadtbahnen in Europa.

Die ganze Linie wird momentan eingehend modernisiert. Alle Haltestellen bekommen eine formschöne gläserne Überdachung. Auch die 27 Fahrzeuge werden eingehend modernisiert, bekommen eine neue Frontpartie sowie den Connexxion-typischen grün-gelbgrünen Anstrich. Die Wagen wurden 1982/1983 bei SIG Neuhausen gebaut. Die Fahreigenschaften sind sehr gut, durch die Luftfederung fahren die Wagen bei 80 km/h ruhig und leise. Die Modernisierung erfolgt bei PFA in Weiden, 26 Wagen sind 2001 modernisiert worden. Im Normalbetrieb werden 24 der 27 Wagen eingesetzt. Das stellt hohe Anforderungen an die Werkstatt. Versuche, Gebrauchtwagen anzukaufen sind gescheitert; die Stadtbahn-B-Wagen von Köln sind mit Stromabnehmer 12 cm zu hoch für das Eisenbahnviadukt in Utrecht; die KVB war gerne bereit, sechs Wagen zu verkaufen.

Houten

Seit Anfang sind zwei gelb lackierte Stadtbahnwagen vom Typ TW 6000 der Üstra Hannover (Wagen 6016 und 6021) in Houten bei Utrecht auf der Verbindungen Houten - Castellum neben einer NS-Magistrale unterwegs. Allerdings kann hier keine Rede sein von einem Stadtbahnbetrieb. In der Region Utrecht wird nämlich nicht ein Stadtbahnnetz neu aufgebaut, sondern ein modernes S-Bahnnetz, möglichst unabhängig von der Hauptstrecke der Staatsbahn. Zur Zeit wird dieses S-Bahnnetz europaweit ausgeschrieben. Die TW 6000 fahren hier also nur in einer Art S-Bahn-Vorlaufbetrieb. Für den späteren Regelbetrieb denkt man eher an „schwere" Eisenbahnfahrzeuge, basierend entweder auf der BR 423 der DB oder einer elektrischen Talent-Variante.

Belgien

Im ganzen Bundesland Flandern gibt es nur einen Verkehrsbetrieb, De Lijn. Der ist neben dem Busverkehr auch verantwortlich für die städtischen Straßenbahnen in Antwerpen und Gent wie für die so genannte Küstenlinie.
De Lijn gehört der flandrischen Landesregierung. Seit 2000 genießen Leute über 65 in Flandern Freifahrt im Nahverkehr, nur Verwaltungsgebühren für ein Jahresabo werden in Rechnung gestellt. Auch Schüler können mit billigen Abos reisen.

Antwerpen

Durch die preisgünstigen Reisemöglichkeiten haben die Fahrgastzahlen im Jahre 2000 um zwölf Prozent zugenommen. Allerdings gibt es Probleme mit Gewalt und Schwarzfahrern. Bei den Straßen- und Stadtbahnlinien beträgt der Anteil der Schwarzfahrer nahezu 15 Prozent.
Das Schienennetz in der Innenstadt ist sehr bemerkenswert. Die Stadtbahnlinien 2, 3 und 15 sind auf mehrere Kilometer reine U-Bahnlinien: Zwischen Hauptbahnhof und Groenplaats verläuft die unterirdische Strecke unter den Geschäftsstraßen Keyserlei und Meir hin-

Ein noch nicht umgebauter PCC-Wagen in der Altstadt von Antwerpen unweit der Endschleife Melkmarkt H. Casteleijn

Endstelle St. Pieter-Station in Gent: hier setzt die Verlängerung der Linien 21 und 40 nach Zwijnaarde an
H. Casteleijn

durch (seit 1990 führt die Tunnelstrecke von Groenplaats unter der Schelde hindurch bis Linker Oever). Auf etwa 250 m parallel zu dieser Tunnelstrecke verlaufen durch enge Gassen die Linien 10 und 11. Zudem gibt es noch die Linien 4, 7 und 8, die die Altstadt ebenfalls oberirdisch durchqueren; diese wird also noch immer sehr gut bedient.

Am 1. Dezember 2001 sollte Linie 3 auf dem Linker Oever (= Ufer) um 4,5 km verlängert werden bis Zwijndrecht-Melsele, wegen bautechnischer Mängel wurde die Eröffnung aber verschoben (vermutlich bis Mai 2002). Statt in 35 bis 50 Minuten mit dem Bus erreicht man dann in 16 Minuten die Altstadt mit der Stadtbahn (in Antwerpen Pre-Metro genannt). Mehrere Verlängerungen sind in der Planung, u.a. von Linie 3 in Merksem. Anfang 2002 sollte die Rekonstruktion der Prachtstraße De Leien beginnen, bis 2004 werden die Arbeiten andauern. Dies wird vorübergehende Folgen haben für die Linien 12 und 24.

Antwerpen verfügt über insgesamt 170 PCC-Wagen, gebaut zwischen 1960 und 1972. Im Gegensatz zu den alten Planungen, nur die Reihe 2071-2170 eingehend zu modernisieren, wurden jetzt auch noch 25 Veteranen der Baureihe 7001-7070 für eine Verjüngungskur auserkoren; geplant ist, sie noch etwa sieben bis acht Jahre einzusetzen. Allerdings werden die Wagen einfacher modernisiert, sie behalten u.a. ihre getrennten kleinen PCC-Mitteltüren.

2001 sind wieder 30 Niederflurwagen vom vorhandenen Typ bei Siemens/Bombardier bestellt worden (+ 17 für Gent), sie sollen Ende 2002 kommen.

Gent

Auch Gent erlebte bis Ende 2000 eine Fahrgastzunahme von über zehn Prozent. Das Straßenbahnnetz ist in den vergangenen Jahren stark modernisiert worden. Trotzdem bleibt der klassische Charakter erhalten: Straßenbahnen in wunderschönen Altstadtgassen. Die neue Linie nach Zwijnaardebrug ist endlich doch noch im Jahre 2000 eröffnet worden. Hier fährt die Doppelinie 21/22. Inzwischen ist beschlossen worden auch eine Straßenbahnlinie nach Flanders Expo zu bauen. Nachgedacht wird sogar über eine Überlandlinie nach Lochristi.

Täglich sind nur wenige Niederflurwagen unterwegs auf Linie 1 nach Evergem. 17 weitere – in Zweirichtungsbauart – sind trotzdem bei Siemens/Bombardier bestellt worden. Alle ehemaligen Bogestra-Wagen sind inzwischen verschrottet. Der Umbau der PCC-Wagen 6216 und 6202 bei BREC war nicht erfolgreich. Weitere 22 Stück dürfen 2002 und 2003 deshalb für ihre Verjüngungskur nach Mittenwalde abreisen. Die übrigen 30 PCC-Wagen sollen 2005/2006 ausscheiden. Alle PCC-Wagen sind übrigens Zweirichtungswagen. Auch der Betriebshof Gentbrugge wird derweil total erneuert.

Küstenlinie

Die letzte „Interurban" Belgiens, die Küstenlinie Knokke – Oostende – De Panne mit 66,5 km Länge, ist in den letzten Jahren sehr erfolgreich. Hauptgrund sind der Autostau im Sommer an der Küste und die hohen Parkplatzkosten.

Auf der Teilstrecke Nieuwpoort Bad – Oostende – Blankenberge wurde im Juli und August ein 7,5-Minutentakt gefahren. De Lijn bevorzugt aber generell einen Zehnminutentakt. Die 1998 eröffnete Verlängerung nach Adinkerke Bahnhof wird auch erfolgreicher, da nun Adinkerke IC-Endbahnhof wird. Bahnanschlüsse auch nach Frankreich sind von der SNCF wieder geplant.

Um einen generellen Zehnminutentakt anbieten zu können, sind bei Bombardier 32 Niederflur-Mittelteile vom bekannten Typ, wie er in bereits 16 Wagen existiert, bestellt worden; die Triebwagen stammen aus den Jahren von 1981/82.

Brüssel

In Brüssel soll es im Herbst 2002 zu einer umfassenden Änderung des Liniensystems kommen. Dabei soll der stark nachgefragte Außenring besser bedient werden. Einige ältere Linien sollen eingestellt und durch neue ersetzt werden.

Um die Attraktivität der Bahn zu sichern sollen 40 Niederflurwagen von rund 20 m Länge beschafft werden, die EU-weite Ausschreibung lief im Herbst 2001 bereits. Ebenfalls ausgeschrieben ist eine grundhafte Erneuerung der achtachsigen Gelenkwagen der Reihe 7900.

Im wallonischen Teil Belgiens steht es um die Straßenbahn nicht immer zum Besten. In Charleroi erholt man sich nur langsam vom lähmenden Streik Ende 2000, der auch längerfristig zu einer kräftigen Abnahme der Fahrgastzahlen führte. Fortschritte sind insgesamt kaum erkennbar. ■

Der bereits verlängerte Triebwagen 6045 der Küstenlinie mit einem Normal-Typen im Betriebshof Knokke
H. Casteleijn

Der Tramclub Banat rollt mit einem Gemene-Doppeltriebwagen durch Timisoara
A. MAUSOLF

Auf die sanfte Tour

Städte-Tourismus mit historischen Trams in Rumänien

Historische Trams spielen eine zunehmende Rolle bei der Förderung des sanften Städte-Tourismus. Grund genug, in Rumänien ähnliche Wege zu beschreiten. Dies beschloss der unabhängige „Tramclub Banat" (TCB) auf seiner Hauptversammlung Anfang 2001 in Temesvar/Timisoara. Ein anschließendes Symposium zu diesem Thema brachte bereits für die Saison 2001 erste greifbare Ergebnisse: In Temesvar, der „Hauptstadt des Banats", verkehrte von Juli bis Oktober alle vierzehn Tage sonntags eine historische Tram auf der Linie 1, deren Führung bedeutende Punkte der Stadt verbindet. Der Wagen konnte mit einem normalen Fahrschein der städtischen Verkehrsbetriebe RATT benutzt werden. Dies stellt für Rumänien ein absolutes Novum dar.

2002 größeres Angebot

Der Erfolg der Aktion gab den Initiatoren schon nach wenigen Einsätzen Recht: Nicht nur Touristen nutzten die Fahrten zur Stadterkundung, auch die Bürger Temesvars ließen sich gerne in den historischen Wagen bei einem Sonntagsausflug durch ihre Stadt fahren. Die Fahrten mit historischen Trams sollen fester Bestandteil stadttouristischer Programme werden. Bereits für die Saison 2002 ist die Erweiterung des Angebotes vorgesehen. So sollen in Temesvar nicht nur Rundfahrten durch die Stadt angeboten werden. Diese sollen kombiniert werden mit touristisch attraktiven Zielen. Auch für Arad, das aus organisatorischen Gründen in der Saison 2001 noch nicht dabei sein konnte, soll es 2002 regelmäßige Einsätze historischer Trams geben. Vor allem soll auf der langen Überlandlinie nach Ghioroc – die bis 1991 mit zwei, inzwischen eingestellten, Zweiglinien zur Staatsbahn CFR gehörte – der restaurierte, historische Überlandtramwagen Nr. 2 regelmäßig zum Einsatz gelangen. Im direkt am Fuße der dortigen Gebirgslandschaft liegenden Ghioroc gibt es vielfältige Ausflugsmöglichkeiten. Ein Besuch des historischen Tramdepots mit vielen alten Fahrzeugen wird Bestandteil des Angebotes sein (über die für 2002 vorgesehenen Fahrten informiert ab etwa Februar 2002 die Homepage des TCB unter www.tramclub-banat.go.ro).

Fahrzeuge gesucht

Ähnlich wie in vielen westeuropäischen Ländern wurden auch in Rumänien noch bis vor kurzem historisch wertvolle Trams verschrottet. Ihr Wert im Sinne musealer Aufarbeitung der jeweiligen Verkehrsgeschichte sowie für die Förderung des „sanften" Tourismus war nie thematisiert worden. Glücklicherweise stehen in Temesvar/Timisoara noch mehrere interessante historische Trams zur Verfügung.

Aus Bukarest erhielt die RAT Timisoara inzwischen einen vierachsigen Großraumwagen aus einer Serie, die in der Landeshauptstadt noch bis vor kurzem eingesetzt wurde. Dieser Wagen soll bei der RATT restauriert und in das Trammuseum integriert werden. Allerdings wichen die in Temesvar eingesetzten „Pullmann"-Großraumwagen in Technik und Äußerem deutlich von diesem Typ ab. Doch von dieser Serie ist bedauerlicherweise kein Fahrzeug mehr im Bestand.

Sofern die Museumswagen Temesvars/Timisoaras nicht im Einsatz stehen, sind sie im Trammuseum der RATT am Blv. Tache Ionescu nach vorheriger Anmeldung (Kontaktadresse siehe Homepage des TCB) zu besichtigen. Bei den dort angegebenen Kontaktadressen ist auch der Museums-Flyer erhältlich.

Schöne Überlandwagen

Abschließend eine Übersicht über die historischen Trams der RATT, die zwischen Juni und Oktober alle vierzehn Tage als touristische Sonderwagen auf der Linie 1 eingesetzt werden. Die Verkehrsbetriebe von Resita haben wegen ihres erst 1988 eröffneten Trambetriebes keine historischen Fahrzeuge, werden aber mit einem speziellen Programm voraussichtlich ab 2002 in das touristische Angebot aufgenommen. Bei der CTP in Arad kommt der historische Überlandtramwagen Nr. 2 zum Einsatz. Der TCB informiert auf seiner Homepage natürlich auch über Möglichkeiten, zu günstigen Bedingungen alle genannten Trams für Gruppen zu chartern.

Folgende Trams gelangen in Temesvar/Timisoara zum Einsatz:

- „Gemene" (Zwilling)-Triebwagen des Baujahres 1927 (Eigenbau der Temesvarer Tram); Umbau 1931 in Doppelwagen (Tw/Bw) mit Doppelsteuerung als Zweirichtungstram, Typ F/FII
- T 6V (Hersteller IT Bucuresti), Baujahr 1961–66
- T 1 62 (Hersteller IT Timisoara), Baujahr 1962 ■

Eine Reise wert: Das Depot der Überlandtram in Ghioroc
A. Mausolf

Straßenbahnen in Portugal

Die modernisierten Zweiachser kommen auf den fünf Linien des 900 mm-Netzes von Lissabon zum Einsatz; die langfristige Zukunft der Linie 18 bleibt unklar
D. BUDACH

Lissabon

Auf den verbliebenen fünf Linien des 900 mm-Netzes kommen planmäßig nur noch die modernisierten Zweiachser zum Einsatz, neben den zehn Niederflur-Gelenkwagen auf Linie 15. Deren Verlängerung über die Endstelle Alges hinaus als Tangentiallinie an der Peripherie Lissabons entlang bis nach Odivelas-Loures, evtl. auch nach Sacavém, mit Anschluss an verschiedene U- und S-Bahn-Linien, ist beabsichtigt. Eine Entscheidung über die Systemwahl steht noch aus, möglicherweise wird es sich auch um eine neue normalspurige Anlage handeln.

Linie 25 ist am Samstag ab 15 Uhr und sonntags eingestellt, Linie 18 fährt nur noch mit zwei Pendelwagen im Anschluss an die Linie 15 vom Depot Santo Amaro nach Ajuda. Werktags wird jedoch der einige Zeit wegen Bauarbeiten eingestellte Abschnitt zur Rua Alfandega wieder planmäßig bedient.

Für die Einrichtung eines regelspurigen Stadtbahnnetzes am südlichen Tejo-Ufer, das z.T. bestehende Eisenbahnlinien benutzen soll, laufen gegenwärtig die Ausschreibungen. Hier sind Niederflurwagen vorgesehen.

Porto

Die Lieferung der ersten Niederflurzüge für die neue Stadtbahn hat begonnen. Der Baufortschritt der gesamten Anlage liegt hinter den Planungen zurück, die Umspurung und Elektrifizierung der Schmalspurlinien benötigt mehr Zeit als erwartet. Die Eröffnung der ersten Linie zum Vorort Matosinhos ist nun für Ende 2002 vorgesehen, im Jahr 2003 werden weitere Abschnitte folgen.

Die als Rest des früheren ausgedehnten Straßenbahnnetzes vom Museumsdepot Massarelos aus betriebenen Strecken wurden an zahlreichen Stellen erneuert. Nach diversen Unterbrechungen fahren inzwischen etliche der bereits über 50 Jahre alten Zwei- und Vierachser auch wieder auf der Linie 1 Infante – Castelo – Boavista.

Der als Linie 18 bezeichnete Abzweig nach Viriato-Carmo wird gegenwärtig über den Stadtmittelpunkt Praca da Liberdade bis zur Praca da Batalha verlängert. Neueste Planungen sprechen von der Beschaffung von Niederflurwagen auch für dieses Reststraßenbahnnetz, eine Verknüpfung mit der neuen Stadtbahn wäre möglich.

Porto: Vom Museumsdepot Massarelos aus befahren die überholten Oldtimer die Reststrecken des einst ausgedehnten Straßenbahnnetzes, die schrittweise erneuert werden
D. Budach

Sintra – Atlantico

Aus Lissabon wurden Zweiachser zur Verstärkung und Schonung des Original-Wagenparks übernommen und z.T. in Betrieb genommen. Die (Wieder-)Verlängerung bis in die Stadt Sintra hinein ist weiterhin geplant, doch die lang andauernden Übernahmeverhandlungen zwischen dem bisherigen privaten Eigentümer, der international vor allem als Omnibusbetreiber aktiven Firma Stagecoach, und der Stadt Sintra haben einen zügigen Baubeginn weiter hinausgeschoben.

Die Tibidabo-Straßenbahn in Barcelona fährt weiterhin mit den Original-Wagen aus dem Jahre 1904 und stellt die Verbindung zwischen U-Bahn und der Talstation der Standseilbahn auf den Tibidabo her
D. BUDACH

Spanien

Der stark wachsende Individualverkehr, aber auch die derzeit noch zur Verfügung stehenden EU-Finanzmittel brachten Pläne für Straßen- und Stadtbahnsysteme in einer ganzen Reihe weiterer Städte hervor. Neben den im Bau befindlichen Systemen (siehe unten) sind dabei in einem schon recht konkreten Planungsstadium u.a. folgende Anlagen: Málaga, Vélez-Málaga, Santa Cruz de Tenerife, Sevilla, Valladolid, Zaragoza, Lérida, Vitoria und San Sebastian.

Alicante

Als Vorläufer für einen künftigen Stadtbahnbetrieb in Alicante wurde 1999 ein kurzer Abschnitt der Meterspurbahn Alicante – Benidorm – Denia elektrifiziert und entlang der Küste in der Stadt auch ein Stück neu gebaut. Nach Verlängerung sind inzwischen rund 5 km Strecke in Betrieb und werden von Triebwagen 500 aus Halle und Triebwagen 3806 aus Valencia, beide in Niederflurbauart und längerfristig ausgeliehen, befahren; weitere Ausbauten stehen bevor. Innerhalb der Stadt Alicante ist der Bau von zunächst zwei Stadtbahnlinien beabsichtigt.

Barcelona

Nach einer Versuchsstrecke auf der breiten Avenida Diagonal, die bereits 1997 befahren wurde, begannen inzwischen die Bauarbeiten am neuen System „Trambaix“: 16,8 km zweigleisige, regelspurige Stadtbahnstrecken gehören dazu, die stadtseitig in Francesc Macia beginnen werden und sich in drei Teilstrecken nach Cornella, Sant Joan Despí und San Feliu de Llobregat aufteilen. Außerdem genehmigte die Stadt bereits zwei weitere Strecken zum Bau. 20 fünfteilige Citadis 302 wird Alstom zur ersten Inbetriebnahme – vorgesehen im April 2003 – liefern.
Die 1,2 km lange Tibidabo-Straßenbahn in Barcelona fährt weiterhin mit den Original-Wagen aus 1904 und stellt die Verbindung zwischen U-Bahn und der Talstation der Standseilbahn auf den Tibidabo her. Außerhalb der Saison fahren die Bahnen allerdings nur samstags und sonntags, ansonsten Omnibusse.

Bilbao

Im Laufe des Jahres 2002 soll die neue, zunächst 4,5 km lange, meterspurige Straßenbahnlinie den Verkehr auf der Verbindung Renfe-Station San Mamés mit Atxuri aufnehmen. Die Verlängerung um eine Haltestelle von San Mamés bis Basurto wird sich kurze Zeit später anschließen. Die Linie berührt u.a. das berühmte Guggenheim-Museum, ein Hauptanziehungspunkt für Touristen in der Stadt. Rund ein Drittel der Strecke wird eingleisig verlegt; CAF liefert zur Eröffnung sieben dreiteilige Niederflurwagen.

Valencia

Nachdem die 1994 eröffnete und 1999 bereits verlängerte Linie 4 in Valencia sich sehr erfolgreich entwickelt hat, sieht die längerfristige Planung weitere Linien vor. In einem konkreten (Bau-)Stadium befindet sich davon jedoch noch keine. 24 Triebwagen von CAF/Siemens befahren die Linie 4, ein weiterer ist nach Alicante ausgeliehen worden.

La Coruña

Die bestehende Linie Castillo de Santo Antón – Torre de Hércules der 1997 eröffneten neuen Straßenbahn in der galizischen Hafenstadt La Coruña wurde inzwischen bereits zweimal verlängert auf nunmehr 4,9 km Länge, zuletzt am 7. August 2000.

Zur Entlastung der vorhandenen Zweiachser ist die Bestellung einer ersten Serie von Niederflur-Gelenkwagen beabsichtigt, nachdem der Siemens Combino-Prototyp hier bereits zu Gast war. Weitere neue Strecken sieht die Planung vor, als nächste voraussichtlich die Strecke Atochas-Monte – Av. Finisterre.

Sóller und Palma de Mallorca

Die aus Lissabon gekauften Zweiachser werden auf der kurzen Straßenbahn Sóller häufig im Sonderverkehr für Touristengruppen eingesetzt, die Planzüge fahren meist mit Originalwagen. Für die Ex-Lissaboner werden noch passende Beiwagen gesucht.
Zur Verstärkung des Fuhrparks auf der Überlandbahn nach Palma wurde von den nordspanischen Schmalspurbahnen eine E-Lok gebraucht erworben. In der Inselhauptstadt selbst bestehen Planungen für ein Stadtbahnnetz, dessen erste Linie die Stadt von West nach Ost durchfahren und im Halbkreis auch die City und die beiden Bahnhöfe der Überlandbahn nach Sóller und der dieselbetriebenen Vorortbahn in Richtung Inca erschließen soll. ■

Bild unten links: Valencias erfolgreiche Linie 4 ist der Grundstock für weitere Planungen B. Kussmagk

Als Touristenattraktion ist die Straßenbahn von Sóller (hier ein Blick ins Depot im August 2001) längst eine unverzichtbare Größe R. Schrempf

Straßenbahnen in Skandinavien

Da die bestellten Variobahnen nicht rechtzeitig kommen, sind in Helsinki weiterhin die älteren Fahrzeuge im Einsatz H. J. Werner

Finnland

Helsinki

Wegen des erhöhten Platzbedarfs für die 40 bestellten Variobahnen wird das Depot Koskela umgebaut. Bisher sind davon allerdings erst zwölf ausgeliefert worden sind, weshalb Adtranz/Bombardier sich wohl auf eine Konventionalstrafe wird einrichten müssen; es sind weiterhin viele Altwagen im Einsatz.
Die Bauarbeiten für die Verlängerung der Linie 6 von Arabia nach Arabia Strand, die 2003 eröffnet werden soll, sowie die Planungen für eine neue Straßenbahnlinie 9, die über Hakaniemi nach Ilmala gehen soll, haben begonnen.

Turku

Im Verkehrsentwicklungsplan bis 2020 wurde die Möglichkeit eines straßenbahnähnlichen Verkehrs auf einer Trasse durch die Innenstadt erwähnt, was bereits als erster Grundsatzbeschluss für eine Schnellstraßenbahn von ca. 16 km Reso – Turku – St. Karins angesehen werden kann. Um diese Zentrumsachse herum sind Neubaugebiete mit Serviceeinrichtungen und Arbeitsplätzen geplant, die die Basis für einen schienengebundenen ÖPNV erhöhen werden.
Die Untersuchung für die Bahn wird nun in den Gesamtplan mit den Nachbargemeinden aufgenommen. Offen ist noch die Frage, ob die Straßenbahn zwischen Turku und St. Karin südlich durch ältere bevölkerungsreiche Vororte oder nördlich durch den geplanten, neuen Vorort Skanssi geführt werden soll. Die Finanzierung für das Projekt ist jedoch noch völlig offen, und auch eine konkrete Untersuchung wie in Bergen steht noch aus.

Weitere Planungen

In der westlich von Helsinki gelegenen Stadt Espoo hat man mit den Untersuchungen für eine mögliche Schnellstraßenbahn begonnen. Auch in der zweitgrößten Stadt Finnlands, Tampere, gibt es Pläne für eine Schnellstraßenbahn, aber irgendwelche konkreten Beschlüsse dazu sind noch nicht getroffen worden.

Dänemark

Århus

Im Juni 2001 lag der Entwurf für die erste Ausbaustufe eines zukünftigen Straßenbahnnetzes vor. Die durchgehend zweigleisige, vom Südwesten durch die City nach Norden verlaufende Radiallinie von 13,5 km Länge würde (inkl. 16 Straßenbahnzügen) Investitionen von insgesamt ca. 200 Mio. Euro erfordern. Während die alte, 1971 eingestellte Straßenbahn in Århus auf 1000 mm Spurweite verkehrte, soll die neue in Normalspur angelegt werden, um sich die Option für einen zukünftigen Verkehr auf Regionalbahnstrecken nach Karlsruher Vorbild offen zu halten, z. B. auf der Grenå- und der Odderbahn, falls diese mit 25 kV/50 Hz Wechselstrom elektrifiziert wird.
Der Vorschlag für eine Schnellstraßenbahnstrecke von Løgten nach Mårslet liegt bereits auf dem Tisch.

Kopenhagen

In Kopenhagen ist man dabei, verschiedene Vorschläge für eine Ringbahn auf der Ringstraße 3 zwischen Lyngby und Glostrup zu untersuchen. Neben einer aufgeständerten Metro, einem Spurbus

in der Straßenmitte oder seitlichen Busspuren prüft man nun auch den Vorschlag für eine Straßenbahn, die in Lyngby, Herlev und Glostrup teilweise im Tunnel geführt werden soll.
Eine solche Bahn, die rund 700 Mio. Euro kosten und 13 Mio. Fahrgäste pro Jahr – darunter 2 Mio. ehemalige Autofahrer – bringen würde, würde die Fahrzeit auf dieser Strecke um 13 Minuten verkürzen. Um Kopenhagen an das Thema Straßenbahn zu erinnern, wurde im Frühsommer 2001 einer der just vom dänischen Straßenbahnmuseum Skjoldenæsholm aus Alexandria (Ägypten) zurückgeholten ehemaligen Kopenhagener Düwag-Wagen in der dänischen Hauptstadt ausgestellt.

Norwegen

Bergen

Mit der Bereitstellung von ca. 630.000 Euro im nächsten Staatshaushalt für die Stadtbahnplanung scheint nun der Durchbruch gelungen zu sein. Die zukünftige Gleichstellung von Investitionen in die Stadtbahn und ins Straßennetz wird dazu führen, dass die Stadt einen wesentlich geringeren Eigenanteil bezahlen muss. Sie hatte für die nächsten Jahre ursprünglich 125 Mio. Euro für die Stadtbahnstrecke Zentrum – Nesttun vorgesehen und den Detailplan im ersten Quartal 2001 eingeleitet. Diese Strecke verspricht das höchste Fahrgastaufkommen, während sich die anfänglich geplante Weiterführung bis zum Flughafen nicht zu rechnen scheint. Wagenhalle und Werkstatt sollen nun auf dem Gelände von NSB (Norske Statsbaner), die sehr an einem zukünftigen Stadtbahnverkehr auf ihren Gleisen interessiert ist, in der Nähe des Bahnhofs errichtet und die Strecke von der Kaigaten unter Benutzung von NSB-Gleisen Richtung Nesttun geführt werden. Dadurch entfällt die Gleisverbindung zur ursprünglichen geplanten Basis bei Mannsverk und die Kosten sinken.
Die Eröffnung der Strecke ist in vier Etappen vorgesehen, wobei der Abschnitt Kaigaten – Kronstad als erste Teilstrecke in Betrieb gehen wird.
Als Fahrzeug hätte man gerne einen teilweise niederflurigen Zweirichtungs-Standardwagen von ca. 30 m Länge und 2,65 m Breite, mit einem Mindestradius von 20 m, einem Platzangebot von 80

Erinnerung und Vision zugleich: Just aus Ägypten zurückgekehrter Düwag-Wagen am 27. Juni 2001 in seiner alten Heimat Kopenhagen
H. Ebeling

Die Ansaldo-Breda-Wagen sorgen in Oslo für nicht geringen Ärger
H. Casteleijn

Sitz- und 120 Stehplätzen und einem Steigungsvermögen von acht Prozent, der auch als Doppeltraktion einsetzbar sein muss.

Für die Strecke vom Zentrum nach Nesttun werden bei einer Fahrzeit von 18 Minuten, einer Umlaufzeit von 40 Minuten und einer Taktdichte von fünf Minuten zehn Wagen (davon zwei als Reserve) benötigt.

Oslo

Seit der letzten Erweiterung des Straßenbahnnetzes nach Rikshospitalet ist das Netz unverändert. Allerdings wurde das Straßenbahn-Nachtliniennetz am 8. April 2001 nach elfeinhalb Jahren durch ein Nachtbusnetz ersetzt.

Die 16 bisher gelieferten Niederflurwagen machen weiterhin Probleme, die Ansaldo-Breda bisher nicht abstellen konnte, so dass wohl ein Austausch der Motoren vorgenommen werden muss. Oslo Sporveier hat dem Hersteller inzwischen eine Frist gesetzt und mit einem Widerruf des Kaufvertrags gedroht. Die Ex-Göteborger bleiben aufgrund dieser Schwierigkeiten zunächst weiterhin als Solotriebwagen im Einsatz und sind meistens hoffnungslos überfüllt.

Nachdem sich alle entscheidenden Instanzen bereits gegen einen zweigleisigen Ausbau der NSB-Strecke zum Flughafen Fornebu ausgesprochen haben, eine Buslösung aus Umwelt- und Betriebskostengründen aber keine wirkliche Alternative darstellt, ist nun neben einer VAL-Metro bzw. einer Straßenbahn auf Gummirädern wie in Nancy auch die Möglichkeit einer Stadtbahnverbindung mit Niederflurstraßenbahnwagen im Gespräch.

Trondheim

Schon im Jahre 2000 war der Bau der ca. 1,6 km langen Innenstadtschleife (midtbysløyfa) für die Gråkallbahn beschlossen worden, die am 1. September 2001, beim 100. Geburtstag der Straßenbahn, in Betrieb genommen werden sollte. Die Finanzierung scheiterte jedoch zunächst, da bei der Behandlung der Frage im Bezirkstag am 21. Februar 2001 beschlossen wurde, die zusätzlichen staatlichen Zuschüsse für den ÖPNV für den Busverkehr zu verwenden und die Innenstadtschleife erst nach Fertigstellung der nördlichen Entlastungsstraße anzugehen. Die Stadtregierung beschloss daraufhin im August 2001 eine Finanzierung ohne Gelder des Bezirkes.

Damit ist die Innenstadtschleife, die von der Gråkallbahn für die Fortsetzung des Betriebs dringend benötigt wird, nun

Musuemswagen 21 (Skabo/Siemens) an der Endhaltestelle St. Olavsgate kurz hinter der Weiche zur zukünftigen Innenstadtschleife in Trondheim H. J. WERNER

Bild Seite 143 oben: Göteborg: Mit Inbetriebnahme der beiden Tunnelröhren im Hintergrund wird Göteborg im Frühjahr 2002 sein Liniennetz umstellen können H. J. WERNER

Bild Seite 143 unten: Die ehemaligen Münchner Niederflur-Prototypen sorgen in Norrköping für modernen Tram-Komfort H. J. WERNER

endlich einen entscheidenden Schritt voran gekommen. Die Zahl ihrer Fahrgäste dürfte nach der Realisierung um 100.000 pro Jahr ansteigen.

Die Trondheimer Straßenbahn war 1988 stillgelegt und 1990 in privater Initiative wieder in Betrieb genommen worden. Die Endstelle der eingleisigen Strecke am Rande der Innenstadt ist eigentlich die traditionelle Endstelle der Gråkallbahn, nicht der alten Straßenbahn. Zum Einsatz kommen in Trondheim neben jüngeren Fahrzeugen auch solche des örtlichen Museums.

Schweden

Göteborg

Am 13.Juni 2001 wurde der Vertrag mit Ansaldo-Breda über ca. 75 Mio. Euro für den Kauf von 40 neuen Niederflurwagen vom Typ Sirio für Göteborg unterzeichnet. Eine Option auf 80 weitere Wagen liegt vor.

Der als M32 bezeichnete Wagen wird 29 m lang und 2,65 m breit sein und über 83 Sitz- und 96 Stehplätze verfügen, und eine Spitzengeschwindigkeit von 80 km/h haben. Die ersten beiden Prototypen sollen im Frühjahr 2003 ausgeliefert werden, die Serienauslieferung 2004 beginnen und Ende 2005 abgeschlossen sein.

Bei den älteren Gelenkwagen vom Typ M21 bis M31 wurden bei Mittenwalder Gerätebau bisher in 35 Fahrzeuge Niederflurmittelteile eingebaut. Diese Wagen sind auf allen Linien mit Ausnahme von Linie 6 im Einsatz.

Mit der Inbetriebnahme der neuen Verbindung durch die beiden 1 km langen eingleisigen Tunnelröhren zwischen Chalmers und Södra Vägen sowie der neuen Verbindungsgleise der Annedalsbron, wodurch dort ein vollwertiges Gleisdreieck zwischen Sahlgrenska Sjukhuset (Krankenhaus), Linnéplatsen und Marklandsgatan entsteht, wird im Frühjahr 2002 ein neues Liniennetz mit nunmehr elf Linien eingeführt werden.

Ebenfalls 2002 wird mit der Gleisverlegung in der Skånegatan zwischen Korsvägen, wo Weichen und Kreuzung bereits eingebaut sind, und den Folkungabrücken (Folkungabroarna) begonnen, so dass diese Strecke 2003/04 eröffnet werden kann.

Insgesamt sind damit in den letzten sechs Jahren rund 110 Mio. Euro in die

Infrastruktur und etwa gleich viel für neue Wagen investiert worden. Auch der Fortbestand der Linie 4 nach Mölndal scheint nach dem Umbau der dortigen Endhaltestelle mit einem Busbahnhof und Zuganschluss ebenfalls gesichert.

Norrköping

Von den ehemaligen Duisburger Gelenkwagen haben inzwischen zehn in eigener Werkstatt ein Niederflurmittelteil erhalten. Alle erhielten Namen deutscher Straßenbahnstädte. Der dritte Münchner Niederflur-Prototypwagen (SWM-Nr. 2703) ist inzwischen ebenfalls eingetroffen und erhielt die Nummer 24 und den Namen „Augsburg".

Das Straßenbahnnetz soll wachsen: Die Stadt hat Geld für die Planung einer Verlängerung der Linie 2 nach Ensjö sowie den Wiederaufbau der früheren Innenstadtstrecke der Ringlinie 1 durch die Kungsgatan bereit gestellt. Außerdem gibt es Pläne für eine Zweisystemstraßenbahn nach Karlsruher Vorbild nach Söderköping und – nach Fertigstellung der neuen Eisenbahnstrecke in Östergötland im Rahmen des Europakorridors und damit verbundener Entlastung der alten Strecke – auch nach Linköping und Finspång.

Stockholm

Die Verlängerung der Lidingöbahn (Linie 21) von der bisherigen Endhaltestelle in Gåshaga nach Gåshaga Brygga (Fähranleger) erfolgte am 7. Mai 2001.

Die Verlängerung der Querbahn (Tvärbana) von Gullmarsplan nach Hammarby Sjöstad liegt im Zeitplan. Die neue Straßenbahnbrücke zur Hammarby Allé war Ende August fertig, so dass der Gleisbau auf der gesamten Strecke beginnen konnte, im Dezember erfolgte das Aufhängen der Fahrleitung. Die Anlage soll im Mai 2002 unter Spannung gesetzt werden, so dass anschließend, wenn auch die zehn bestellten A32-Wagen von Bombardier angekommen sein werden, die ersten Probefahrten auf der Verlängerungsstrecke stattfinden können.

Kurz hinter der Endhaltestelle Gullmarsplan beginnt die Verlängerungsstrecke der Querbahn Richtung Hammarby Sjöstad
H. J. Werner

Im Depot Bromma beim U-Bhf. Alvik wurden die Gleise 6 bis 8 wieder für die Straßenbahn hergerichtet, so dass nun die Hälfte des Depots für diese zur Verfügung steht

Der Erfolg der Querbahn hat bewirkt, dass deren nördliche Verlängerung nach Solna über Sundbyberg und Kista sowie die südliche zur Saltsjöbahn von den betroffenen Gemeinden vorangetrieben wird, obwohl die Finanzierungen noch nicht gesichert sind.

Ob die mit historischen Fahrzeugen betriebene Djurgårdslinjen, die 2001 ihr zehnjähriges Jubiläum beging, nun tatsächlich zum Centralen (Hauptbahnhof) verlängert und in eine normale Straßenbahnlinie umgewandelt wird, ist noch immer nicht endgültig entschieden. Im Augenblick läuft eine Untersuchung über die damit verbundenen Konsequenzen für den Autoverkehr im Straßenzug Strandvägen – Hamngatan.

Weitere Planungen

In Helsingborg soll eine Untersuchung für eine Schnellstraßenbahnlinie entlang der Küste nach Norden durchgeführt werden.

In Jönköping gibt es Vorstudien für eine Light Rail Verbindung zwischen Bankeryd und Vaggeryd über den Hauptbahnhof von Jönköping auf vorhandenen Eisenbahngleisen mit der Möglichkeit der Anbindung von Stadtteilen auch abseits der Bahnstrecke; sie haben bisher zu keinen weiteren konkreten Ergebnissen geführt.

Raum Malmö: Die Gemeinden Lund, Lomma und Staffanstorp haben weiterhin Interesse an einem regionalen Stadtbahnsystem mit Schnellstraßenbahnlinien von Malmö nach Dalby (über Staffanstorp – Lund) bzw. Löderup (über Lomma – Bjärred), das vor Jahren schon einmal in der Diskussion war. ■